이 책을 통해 처음으로 알게 되었다. 난초가 무사히 탄생하고 자라기 위해 가장 중요한 조력자가 '곰팡이'라는 사실을. 아름답고 조용하고 기품 있어 보이는 식물들이 사실은 무시무시하게 역동적이고 열정적이며 에너지가 넘치는 존재라는 것을. 다시 태어난다면 나도 식물학자가 되고 싶다. 식물들 곁에 평생 존재할 수 있다는 것만으로도 이토록 눈부신 축복을 느낄 수 있으니. 식물들의 조용한 속삭임을 생생하고 향기로운 문장의 오케스트라로 빚어낸 작가의 놀라운 솜씨에 찬사를 보낸다.

— 정여울(작가, 《나를 돌보지 않는 나에게》 저자)

Hydrangea serrata for. *acuminata*

산수국

식물학자의 노트

1판 1쇄 발행 2021. 04. 27.
1판 9쇄 발행 2023. 10. 20.

지은이 신혜우

발행인 고세규
편집 강지혜 디자인 홍세연 마케팅 김새로미 홍보 반재서
발행처 김영사

등록 1979년 5월 17일 (제406-2003-036호)
주소 경기도 파주시 문발로 197(문발동) 우편번호 10881
전화 마케팅부 031)955-3100, 편집부 031)955-3200 | 팩스 031)955-3111

값은 뒤표지에 있습니다.
ISBN 978-89-349-8694-2 03480

홈페이지 www.gimmyoung.com   블로그 blog.naver.com/gybook
인스타그램 instagram.com/gimmyoung 이메일 bestbook@gimmyoung.com

좋은 독자가 좋은 책을 만듭니다.
김영사는 독자 여러분의 의견에 항상 귀 기울이고 있습니다.

식물학자의 노트

식물이 내게 들려준 이야기

신혜우 글 · 그림

Notes of a botanist

김영사

일러두기

- 이 도서의 학명은 국가표준식물목록을 기준으로 합니다.
- 식물을 분류함에 있어, 식물계 아래로 문門－강綱－목目－과科－속屬－종種의 순서로 분류 체계
  가 이어집니다.

봄맞이꽃이 폈습니다. 아주 작은 잎사귀들이 둥글게 모여 땅바닥에서 돋아납니다. 그래도 잎사귀 다발은 동전 크기밖에 되지 않습니다. 사진으로만 봄맞이꽃을 만났다면 들판에서 봄맞이꽃을 찾기란 쉽지 않습니다. 땅바닥에 가까이 엎드려야 보일 정도로, 생각보다 그 모양이 더 깜찍하기 때문이지요. 둥글게 모인 잎사귀 다발 중간에서 실처럼 가느다란 꽃대가 올라와 우산살처럼 펼쳐집니다. 그 꽃대 끝마다 점을 찍은 듯 꽃봉오리들이 맺히고 갑작스레 흰 꽃들이 방긋방긋 터집니다. 빛나는 시작이지요. 그 이름처럼 봄을 맞이합니다. 봄맞이꽃은 올봄에도 여전히 같은 모양새로 피어나 햇빛을 받으며 저를 설레게 합니다.

유년 시절 기억은 무척 강렬합니다. 아마도 그때 만난 식물들이 제가 앞으로 살아가야 할 방향도 정해준 것 같습니다. 식물을 학문으로 공부하게 된 것은 대학에 들어가서이지만, 그 전부터 산과 들을 누비며, 또는 어머니의 정원과 베란다에서 오랫동안 찬찬히 식물을 관찰해왔습니다. 때때로 전공서나 도감을 보고 알게 되기 전에 먼저 느끼고 깨달은 것들도 있지요. 저는 아름답다거나 경이롭다는 것 이상으로 식물에 대해 궁금한 것이 많은 유년 시절을 보냈습니다. 식물의 입장에서 살아보고 싶을 때도 있었습니다. 햇빛과 비를 맞으며 들녘에 홀로 서 있는 것도 외롭지 않을 것 같았습니다. 식물은 에너지를 생산할 수 있는 지구의 유일한 생산자이니까요. 한 자리에 서 있지만 지구를 점령한 억센 몽상가들이니까요.

가끔 사람들은 제가 식물학을 공부한다고 하면 식물처럼 보인다거나 식물 같은 사람이라고 이야기합니다. 하지만 저는 인간, 호모 사피엔스라서 동물의 수준으로 식물을 이해할 수밖에 없습니다. 식물의 형태, 진화, 계통, 유전, 생태 등 다방면의 식물학 분야를 공부해도 어쩌면 영영 식물을 정확하게 이해하지 못할지도 모릅니다. 유년기에 가진 식물에 대한 궁금증은 더 커졌을 뿐, 줄어들지 않아서 저는 식물학 공부를 계속하고 있습니다.

한편으로는 식물을 공부하면서 '사람'으로서 겪어야 했던 괴로움과 어려움도 자연에서 '인간'으로서 식물을 마주하며 물리칠 수 있었습니다. 요즘 치유와 편안함을 추구하는 이들에게 식물이 마구 소비되고 있다고 한탄한 적이 있습니다. 그런데 최근 제가 식물에게 정말 큰 위로를 받았습니다. 사회에서 '사람'으로 살면서 계속 상처를 받아 마음의 문을 걸어 잠그고 삐걱삐걱 걷게 된 어느 날, 넘치도록 힘든 일이 쌓이며 나를 사랑하는 이 누구도 떠오르지 않던 어느 날이었습니다. 그때 저는 들녘에 홀로 선 식물을 떠올렸고 만날 수 있어서 금방 '인간'으로서 어떻게 살아야 할지, 행복이 무엇인지 다시금 깨닫고 걸어갈 길을 생각할 수 있었습니다.

저는 제가 사랑하는 이가 복잡한 인파 속으로 떠나버릴까봐 걱정하기보다, 하늘로 날아가 사라져버릴까봐 걱정합니다. 사라지는 것은 지구에 태어난 모든 생명에게 중요한 일이고 아름다운 일이기도 합니다. 꽃이 지고 풀이 시들어 스러지고 나면 마르고 부서진 식물 조각들이 가득 쌓여 있어도 다시 만날 수 없다는 것을 알게 됩니다. 혹은 수천 년을 살아온 나무를 보면 그 나무보다 제가 먼저 사라진다는 것도 깨닫게 됩니다. 식물 표본실에서 만나는 수천, 수만의 표본들도 결국 다 죽은 식물이지요. 그래서 살아 있는 식물을 만나면 나와 그 식물이 지구에서 한때 같이 있었음에 감사하게 됩니다. 함께 모여 하늘을 향해 서 있다는 것은 소중한 일입니다.

은퇴를 하고 나서 길을 가다가 '어, 새삼 꽃이 아름답다' '이름이 뭘까' 하고 자연을 들여다보는 분들이 많습니다. 만약 그런 분들이 어린 시절 자연과 가까이 있었다면 조금 더 일찍, 혹은 평생 식물에게서 위로받고 함께 행복할 수 있는 순간이 더 많았으리라 생각합니다.

　식물 그림은 그리는 식물 종에 대해 깊이 조사하고 전 생애를 관찰하여 최소 1년에 걸쳐 제작됩니다. 그릴 때는 문헌 조사와 오랜 관찰, 많은 표본을 살펴보는 길고 고된 과정이 있습니다. 관찰해야 하는 중요 부분을 놓치기라도 하면 다음 해를 기다려야 하기 일쑤이지요. 그런 고된 과정만큼 모든 내용이 집약된 한 장의 그림을 완성하면 더없이 뿌듯합니다. 제게는 그림이 많은 채집과 과학 실험 후에 완성하는 논문과 똑같습니다. 인간은 다른 생물을 정의하고 설명하며, 과학자들은 종종 자연에 대한 규정과 규칙을 만드는 인간중심주의의 대표로 간주됩니다. 그러나 제게 식물 연구는 식물의 입장에서 그들을 어떻게 설명할 수 있는지를 이해하고 배우는 과정입니다. 인간의 입장에서 조형적 아름다움을 표현하기보다 식물의 입장에서 지구에 생존하는 형태, 생태, 진화를 그림에 담습니다. 과학적인 훈련을 통해 식물에 대한 사랑을 조명한 것이 그림이지요. 이런 식물 그림은 보는 이들이 누구든지 간에 식물에 대한 사랑을 나눌 수 있는 기회를 제공할 것이라 믿습니다.

　지구에는 많은 식물 종이 있고, 각 종은 이야기를 가지고 있습니다. 이 책에 담긴 식물의 이야기는 너무 짧고 미흡하지만 독자

분들에게 식물의 입장에서 생각해보고 식물의 마음을 가져보는 순간이 되길 바랍니다. 배우가 자신의 삶이 아닌 다른 사람의 삶을 살아보는 즐거움을 얻는 것처럼, 저는 우리 인간이 다른 생물종을 알게 되고 경험하면서 얻게 되는 무한한 상상력과 기쁨을 항상 생각합니다. 각 생물을 이해하려고 노력하다보면 그 생물이 우리 곁에 얼마나 소중한 존재인지 새삼 깨닫게 되리라 믿습니다. 또 자연스럽게 식물을 사랑하는 마음이 생겨 자연을 지키고 싶어지길 소망합니다.

세리시이오(www.sericeo.org)에서 2년 8개월간 매달 한 편씩 '식물학자의 노트'라는 제목으로 방영한 내용을 정리하여 이 책에 담았습니다. 처음에 열다섯 편의 원고를 한꺼번에 쓰고 촬영하여 1년 3개월 동안 방영하였는데, 지금 생각하면 아무것도 몰라 도전할 수 있었던 것 같습니다. 매달 한두 편의 원고를 쓰고 촬영을 하여 다달이 다듬었다면 더 좋았을 텐데 미국에 연구원으로 가는 일정 때문에 짧은 기간에 열다섯 편을 한 번에 제작하고 미국으로 떠났습니다. 그후 매달 한 편씩 방영했는데 그제서야 저의 부족함을 많이 느꼈습니다. 영상을 매달 보면서 조금 더 잘할 걸, 내용이 어렵네, 더 정확한 표현이 있었는데, 하는 아쉬움과 깨달음이 있었지만, 이미 방영이 된 뒤였죠. 그럼에도 식물과 친해질 수 있게 해주어서 고맙다는 분들께 제가 감사드립니다. 그렇게 열다섯 편이 끝나고 한국으로 돌아와 다시 열일곱 편을 제안받았고, 매달 한두 편씩 글을 쓰고 촬영을 해서 2년 8개월을 마무리지었습니다. 멋모르고 임했던 처음보다 많이 나아질 줄 알았지만 그다지 늘지 않은 글재주와 말재주만 다시 확인하고야 말았지만요. 흔한 내용을 담아야 할까, 전문적인 내용을 얼마나 담아야 할까, 내가 좋아한다고 사람들도 좋아할까 계속 고민이 있었습니다. 이제 와 생각해보면 식물이 가진 이야기를 제가 서툴게 대변한 것 같아 식물에게 미안합니다.

여섯 살에 처음으로 식물도감을 보고 이름을 알게 된 봄맞이꽃이 여전히 새롭습니다. 새로운 것을 계속 발견하고 다시 놀라고, 사랑스러워하고 설렙니다. 이 책을 읽고 독자분들이 식물을 만나 그 느낌을 느껴보시기를, 그랬으면 좋겠습니다.

신진 과학자로서 선배 연구자들에 비할 수 없는 부족한 지식 때문에 재차 거절하였는데도 기회를 주고 글을 쓰도록 설득해주신 손인숙 PD님과 세리시이오 관계자분들께 감사드립니다. 책을 쓰면서 영상을 위해 쓴 원고를 그대로 담으면 될 것이라 단순하게 생각했는데 영상과 책은 정말 다른 일이었습니다. 저의 서투름과 부족함은 영상 제작 때처럼 책을 시작할 때도 반복되었는데, 그럼에도 차근히 독려해주신 김영사 강지혜 편집자님께도 감사드립니다.

어릴 때 누구도 제가 식물학을 선택할지 몰랐습니다. 왜냐면 저는 시골 동네에서 그림으로 꽤나 이름을 날리는 아이였으니까요. 식물 공부와 함께 그림을 그리고 싶은 마음에 패션디자인을 복수전공하고 학교를 가리지 않고 미대를 기웃거렸습니다. 혼자서 화가들의 작품을 정리하고 조사하기도 했습니다. 그런 미술에 대한 제 열망을 알아봐주신 식물학과 교수님들과 선배님들이 있어 제가 식물 그림을 시작할 수 있었습니다. 저는 교수님들과 선배님들 덕분에 살아가면서 다양한 꿈을 가지고 도전할 수 있음을 배웠습니다. 또 전공서나 도감을 통해서도 식물에 대해서 많이 알게 되었지만, 식물분류학을 가르치시는 여러 교수님과 선배님들, 함께해준 동료와 후배들에게서도 배웠습니다. 모두 감사드립니다.

마지막으로 제게 식물을 사랑하는 마음을 가질 수 있게 해주시고 계속 공부하고 그림을 그릴 수 있는 힘을 주신 부모님께 깊이 감사드립니다.

2021년 봄
신혜우

Contents

CHAPTER 3 억센 몽상가들

CHAPTER 4 함께 모여 하늘을 향해

CHAPTER 5 숲의 마음

CHAPTER 1

빛나는 시작

숨은
조력자들

대흥란 *Cymbidium macrorrhizum*

썩은 나무와 잎 등에서 영양분을 얻어 살아가는 부생란
중 하나이다. 높이는 10~30센티미터까지 자라며 광
합성을 통해 영양분을 얻지 않아 잎이 없고 2~6개의
꽃만 달린다. 꽃은 연한 미색이나 연분홍색으로 붉은색
선이 있다. 완전한 흰색 꽃이 피는 대흥란을 소심대흥
란이라고 구별해서 부르기도 한다. 환경부 멸종위기식
물 2급으로 지정되어 있다.

저는 한때 북아메리카 난초를 연구하는 실험실에서 공부한 적이 있습니다. 당시 실험실을 이끌던 데니스 위검Dennis Whigham 박사는 미국과 캐나다를 통틀어 가장 귀한 난초를 연구하고 있었는데요. '아이소트리아 메데올로이데즈Isotria medeoloides'라는 학명을 가진 이 난초는 다섯 개의 잎이 우산처럼 펼쳐지고, 그 가운데 초록색 꽃이 올라오는 독특한 모습을 하고 있습니다. 데니스 박사는 자생지 여러 곳에 난초 씨앗이 담긴 주머니를 심어 무려 15년 동안 발아하는지 관찰해오고 있었습니다. 난초가 잘 자라는 곳 바로 옆에 씨앗을 심어 생육조건이 이보다 좋을 수 없었지만, 씨앗에서 그동안 단 한 번도 싹이 나지 않았죠. 그런데 운 좋게도 제가 있던 그해, 15년 만에 처음으로 딱 한 곳에서 싹이 텄습니다. 도대체 이 난초는 왜 15년 동안 움트지 않았으며, 그제야 세상으로 나왔을까요?

난초 씨앗은 식물 씨앗 중 가장 작습니다. 난초 씨앗이 얼마나 작은지 영어로 '더스트 씨드dust seed'라고 불릴 정도입니다. 먼지 가루처럼 작다보니, 난초 씨앗은 다른 식물 씨앗과 달리 발아할 때 영양분을 제공해주는 배유*가 없습니다. 그물 같은 얇은 껍질 안에 배**만 있죠. 그래서 난초는 혼자 힘으로 싹을 틔울 수가 없습니다. 씨앗에서 싹이 트기 위해서는 토양의 습도나 산도, 호르몬의 변화 등 여러 조건도 맞아야 합니다. 심지어 조건이 맞았다 해도 바로 싹이 나지 않습니다. '전괴체'***라고 불리는 울퉁불퉁한 덩어리가 형성되고, 시간이 지나야 비로소 전괴체 위로 솟아난 초록색 싹을 볼 수 있죠. 이처럼 오랜 기간 휴면하는 씨앗을 깨우려면 눈에 보이지 않는 많은 도움이 더해져야 합니다. 땅속에 묻힌 아이소트리아 메데올로이데즈의 많은 씨앗 가운데 딱 한 곳의 씨앗이 그해, 15년 만에 이 모든 조건이 맞아떨어져 움튼 것이지요.

난초의 탄생 과정에서 중요한 조력자는 곰팡이입니다. 곰팡이 하면 흔히 병해를 입히는 부정적 이미지를 떠올리실 텐데요. 스

---

* 胚乳: 종자식물이 발아하기 위해 양분을 저장하는 씨앗 속의 조직.

** 胚: 밑씨 안에서 발육해서 장차 새로운 식물체로 자라게 될 부위.

*** 前塊體: 난초의 싹과 뿌리가 나기 전, 배가 자라나 둥글게 뭉친 세포 덩어리.

스로 발아할 수 없는 난초의 씨앗을 뚫고 들어가 영양분을 공급하는 곰팡이도 있습니다. 심지어 난초가 다 자란 뒤에는 뿌리 세포에까지 침투해 난초에게 영양분과 미네랄을 공급해주는 곰팡이도 있습니다. 이런 역할을 하는 곰팡이는 종류가 매우 다양합니다. 토양 속에서 실 같은 균사 형태로 존재하는 곰팡이 가운데 식물에게 도움을 주는 곰팡이가 많습니다. 특히 난초와 공생하는 곰팡이는 다른 식물과 공생하는 곰팡이와 구별되는 생태적 특징을 가집니다.

곰팡이와 난초의 관계는 각 종마다 다른 모습입니다. 여러 종의 난초에게 도움을 주는 곰팡이가 있는가 하면, 오직 한 종에게만 도움을 주는 곰팡이도 있죠. 또 난초가 발아할 때만 도움을 주는 곰팡이도 있고, 성체가 된 뒤에도 계속 도움을 주는 곰팡이도 있습니다. 같은 난초 뿌리 안에 다른 종류의 곰팡이가 함께 살아가는 경우도 있습니다.

한편 곰팡이 없이는 절대로 살아갈 수 없는 난초도 있습니다. 이를 부생란****이라고 합니다. 초록색 잎이 없고, 꽃만 줄기에 달

**** 腐生蘭: 나무와 잎 등이 썩으며 유기물이 다량의 무기물로 분해되는데 여기에서 영양분을 얻어 살아가는 난초류.

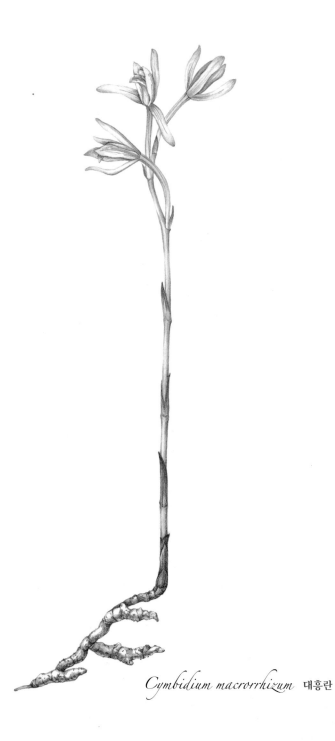

Cymbidium macrorrhizum 대흥란

린 형태여서 광합성을 거의 하지 않는 난초들이죠. 이런 난초들은 곰팡이에게 의존해 살아가는 기생식물로도 볼 수 있습니다.

저는 완도의 어느 해안가에서 대흥란이라는 멸종위기식물 2급인 난초를 조사한 적이 있습니다. 이 난초는 잎 없이 꽃만 버섯처럼 낮게 올라오는 특이한 형태를 하고 있습니다. 해안가 산길을 오르다 이 난초를 처음 만났는데, 초록색 잎이 없어 처음엔 식물인 줄 몰랐습니다. 그래서 아슬아슬하게 난초를 피해 땅에 발을 디뎠습니다.

대흥란은 잎을 만드는 데 에너지를 쓰지 않고 종자 번식을 위해 줄기에 꽃만 피워 올리도록 진화했지요. 우리나라에는 대흥란 말고도 한라천마, 으름난초, 산호란 등 다양한 부생란들이 자생하고 있습니다.

난초와 곰팡이의 관계는 여전히 많은 부분이 베일에 싸여 있습니다. 아직까지 곰팡이가 난초에게 어떤 도움을 받는지, 왜 이런 일방적인 관계를 유지하는지는 밝혀지지 않았습니다. 난초와 곰팡이의

대흥란의
꽃과 열매

관계를 잘 이해하고 각 난초마다 필요한 곰팡이들이 밝혀진다면 멸종위기인 난초 복원에 큰 힘이 될 텐데 말이지요. 우리나라에는 멸종위기식물 1급으로 지정된 식물이 총 아홉 종 있습니다. 그중 여섯 종이 난초(광릉요강꽃, 나도풍란, 죽백란, 털복주머니란, 풍란, 한란)입니다. 이런 난초의 위기는 사람들의 무분별한 채취가 가장 큰 원인이지만, 환경적인 변화도 무시할 수 없습니다. 난초가 잘 발아해 자라려면 토양에 난초의 생장을 돕는 곰팡이가 많이 존재해야 합니다. 만약 지구온난화나 산성비 등으로 토양의 온도, 습도, 산도 등이 달라져 곰팡이가 잘 자라지 못한다면 난초 씨앗들은 길고 긴 휴면에서 영원히 깨어나지 못할지도 모릅니다.

소심대흥란

난초가 발아해 성체가 되기까지, 난초가 홀로 할 수 있는 일은 사실 아무것도 없습니다. 땅, 물, 공기 그리고 곰팡이까지 어느 것 하나 최적의 상태가 되지 않으면 난초는 끝내 발아할 수 없으니까요.

우리는 어떤 일을 성공시키고, 목표

에 도달하기 위해 노력합니다. 그리고 마침내 그 일을 이루었을 때 그것을 온전히 나만의 노력과 힘으로 이룬 것이라고 생각하기 쉽습니다. 하지만 그 과정을 가만히 돌이켜보면 내 곁에는 분명 직접적, 간접적으로 도움을 주는 이들이 있습니다. 소중한 결실을 위해 보이는 곳은 물론 보이지 않는 곳에서도 함께해준 이들을 생각할 수 있었으면 합니다.

빛을
보기까지

갯까치수염 *Lysimachia mauritiana*

동아시아 해안가와 여러 섬에서 서식하는
앵초과 식물이다. 우리나라에서는 제주도,
전남, 경북을 포함하는 남부 지역에서 자
라며 독도에서도 발견된다. 7~8월에 흰
색 꽃이 피고, 9~10월에 열매가 갈색으
로 익는다. 열매는 둥글며 익으면 그 끝이
벌어져 씨앗이 나온다. 씨앗은 흑색 혹은
흑갈색으로 표면에 그물 무늬가 있다.

식물의 꽃이 수정에 성공하여 씨앗을 맺더라도 번식이 끝난 것은 아닙니다. 움직일 수 없는 식물은 각각의 개체들이 일정한 공간을 차지하고, 광합성을 해서 살아남아야 합니다. 그러려면 애초에 씨앗인 상태에서 최대한 멀리, 자라기 좋은 환경에 자리를 잡아야 하는데요. 씨앗을 퍼뜨리는 일은 식물에게 있어 번식이라는 생의 소명을 실현하는 중요한 과정입니다. 이를 위해 식물은 나름의 전략을 구사합니다. 그중 하나가 스스로 씨앗을 날려 보내는 추진력입니다. '나를 건드리지 마세요'라는 꽃말을 가진 봉선화는 영어 이름도 '터치미낫Touch-me-not'입니다. 그런데 이런 꽃말이 무색하게도 많은 분들이 저처럼 봉선화 열매를 톡톡 터트렸던 추억을 가지고 계실 듯합니다.

봉선화의 성숙한 열매는 살짝만 건드려도 금방 터져버리는데, 그 모습에서 우리는 씨앗의 추진력을 발견합니다. 봉선화 말고도

Lysimachia mauritiana 갯까치수염

흔히 볼 수 있는 식물 중에 놀라운 힘으로 씨앗을 날려 보내는 식물이 있습니다.

울타리로 많이 심는 회양목은 열매가 세 조각으로 갈라지면서 작고 매끈한 씨앗들이 수류탄처럼 "피용피용" 소리를 내며 날아갑니다. 7월이면 이 식물의 씨앗이 익어 날아가는데, 회양목 울타리 옆을 지나며 수많은 작은 씨앗들을 발견할 수 있습니다. 저는 7월이 되면 일부러 회양목이 심겨진 울타리를 따라 걸어갑니다. 회색 보도블록 위로 날아온 까만 회양목 씨앗들을 구경할 수 있으니까요.

5월에는 보라색 꽃이 포도송이처럼 가득 달리고 여름에는 시원한 그늘을 만드는 등나무의 씨앗도 놀랄 정도의 추진력을 가지고 있는데요. 열매가 갈색으로 여물어 터질 때 깜짝 놀랄 만큼 큰 소리를 내며 씨앗이 총알처럼 날아갑니다. 저는 등나무 열매를 관찰하기 위해 집으로 가져와 거실에 걸어두었다가 총을 쏘는 듯한 큰 소리에 놀라 한밤중에 안방에서 뛰쳐나온 적도 있습니다.

2018년 미국 포모나 대학 연구팀이 발견한 야생 페튜니아 종류인 루엘리어 실리어티플로러*Ruellia ciliatiflora* 씨앗의 산포는 더 놀랍습니다. 이 식물은 작은 열매 자체의 힘으로 씨앗을 7미터까지 날려보냅니다. 심지어 최대 10만 알피엠까지 회전하면서 날아가는데 이것은 생물의 회전 속도 중 가장 빠릅니다.

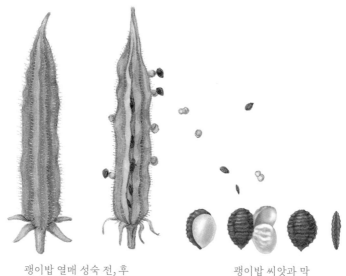

괭이밥 열매 성숙 전, 후　　　　　　　괭이밥 씨앗과 막

　저는 2014년 독도에 사는 식물의 씨앗 학술도해도를 그리는 프로젝트에 참여했습니다. 이때 48종의 식물 씨앗을 한꺼번에 그리면서 씨앗들의 다양한 형태, 산포 방식, 발아 방법을 관찰할 수 있었습니다. 그중에서도 괭이밥이라는 식물이 기억에 남습니다. 괭이밥은 여러분도 들이나 밭에서 한 번은 보신 적 있는 흔한 잡초입니다. 이런 괭이밥이 유독 기억에 남는 이유는 씨앗이 날아가는 방식이 독특했기 때문입니다. 어린 시절 주변에 흔히 있어 새콤한 잎을 맛보거나 열매를 터트리며 많이 놀았는데요. 그림을 그리기 위해 자세히 관찰하면서 그제야 괭이밥 씨앗이 튀

어나가는 특별한 원리를 정확히 알게 되었답니다. 괭이밥 열매의 씨앗은 하얗고 투명한 막에 하나씩 싸여 있습니다. 막은 씨앗이 딱 맞게 들어갈 수 있는 도톰한 하얀 주머니처럼 생겼습니다. 열매가 터질 때 이 하얀 막이 완전히 뒤집어지면서 속에 있던 갈색 씨앗들을 밀어내어 주변으로 퍼뜨립니다. 이 막이 씨앗에 주는 추진력은 생각보다 강해, 씨앗이 최대 1미터까지 날아갈 수 있습니다. 터진 열매를 살펴보면 날아가지 못한 갈색 씨앗과 씨앗을 감쌌던 하얀 막들이 붙어 있는 모습을 볼 수 있습니다. 어릴 때는 단순히 하얀 막들이 씨앗 크기와 비슷해 덜 익은 씨앗이라고 생각했었죠.

식물은 자신의 힘으로 씨앗을 산포하는 '자기 산포'를 하기도 하지만 외부의 도움을 받기도 합니다. 민들레 씨앗처럼 털 같은 관모[*]를 이용해 바람을 타고 날아가기도 하고, 단풍나무 씨앗처럼 날개를 달아 바람을 이용하는 '풍매 산포'를 하기도 합니다. 물가에 살며 물을 이용해 산포하는 것을 '수매 산포'라고 하는데요. 바다를 항해해서 다른 나라까지 퍼져나가는 코코넛을 비롯해 연꽃, 모감주나무가 대표적입니다. 또 동물을 매개로 씨앗을 이동시키

---

*   冠毛: 국화과 식물의 씨방 윗부분에 붙어 있는 털 모양의 돌기.

관모가 달린
방가지똥 씨앗

방가지똥 씨앗이
모여 있는 모습

는 '동물 매개 산포'도 있습니다. 가장 흔한 방법은 동물이 먹을
수 있도록 맛있는 열매를 만들어 씨앗을 이동시키는 것이죠. 제
비꽃이나 애기똥풀 같은 식물들은 씨앗 옆에 '엘라이오솜'**이
란 지방체를 만듭니다. 그 부분을 애벌레에게 먹이기 위해 개미
는 지방체가 붙은 씨앗을 집으로 가져가고, 그 덕분에 씨앗은 멀
리 퍼져나가게 됩니다. 도꼬마리나 도깨비바늘 같은 좀 더 적극
적인 식물들은 씨앗에 갈고리를 만들어, 그것을 동물의 몸에 붙
여 씨앗을 퍼뜨립니다.

　움직일 수 없는 식물들이 자신의 씨앗을 퍼뜨리는 방법들은 참

** 　elaiosome: 식물의 씨앗이나 열매에 붙은 지질 성분이 풍부한 덩어리로, 개미 등의 동
　　물을 유인하여 씨앗을 멀리 퍼뜨리는 역할을 함. 모 식물에서 씨앗이 멀리 운반되도록
　　하는 한편, 개미집의 어린 개체에게 영양분을 제공하는 식량 공급원이기도 함.

으로 다양합니다. '씨앗'의 무한한 잠재력이 제대로 발현되려면 세상 밖으로 나갈 수 있는 추진력이 필요합니다.

인간의 잠재력 또한 마찬가지가 아닐까요? 사람들은 모두 저마다 잠재력을 가지고 있습니다. 그 잠재력이 세상 밖으로 나와 빛을 보고, 성장하려면 이를 위한 추진력이 필요합니다. 여러분은 어떤 추진력으로 잠재력이라는 자신의 씨앗을 성장시키고 있으신가요?

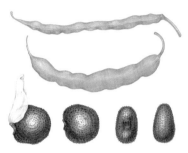

산괴불주머니 열매와
엘라이오솜이 붙어 있는 씨앗

이제는
꽃을 피울
시간

분홍낮달맞이꽃 *Oenothera speciosa*

분홍색 꽃이 아름다워 우리나라에서는 관상용으로
재배하는 식물로, 원산지는 북미이다. 분홍낮달맞이
꽃의 학명에서 speciosa는 '꽃이 아름답고 우아하
다'라는 뜻이다. 밤에 꽃이 피는 달맞이꽃과 달리 낮
에 꽃을 피워 낮달맞이꽃이라고도 불린다. 초여름부
터 길게는 초가을까지 꽃을 피운다.

생물분류학의 기초를 확립하였고, '식물학의 시조'라고 불리는 스웨덴 식물학자 칼 폰 린네Carl von Linné·1707~1778는 하루 동안 꽃이 피고 지는 시간을 기록했습니다. 그리고 이런 시간을 이용해 꽃시계를 만들 수 있음을 제안하였지요. 방가지똥, 치커리, 서양민들레, 백수련 등 피고 지는 시간이 다른 마흔여섯 종의 꽃으로 시계를 만들었습니다.

　모든 식물은 대부분 낮에 꽃을 피우고, 달맞이꽃 같은 소수의 식물만 밤에 꽃을 피운다고 생각하는 이들이 많습니다. 하지만 식물이 꽃을 피우는 시기와 시간은 절대 단순하지 않습니다. 꽃들을 잘 관찰해보면 하루 중 각 식물의 꽃이 피고 지는 시간이 조금씩 다릅니다. 그래서 꽃이 피는 시간에 맞춰 원형 화단에 순서대로 식물을 심어 꽃시계를 만들 수 있습니다. 이후 '린네의 꽃시계'라는 이름으로 세계 곳곳의 정원이나 식물원에서 이 꽃시계

Oenothera Speciosa 분홍낮달맞이꽃

를 볼 수 있게 되었습니다. 린네의 꽃시계는 흥미로울 뿐만 아니라, 세상에서 제일 로맨틱한 시계라는 생각도 듭니다.

달맞이꽃의 꽃은 밤에 피고 낮에 집니다. 그런데 꽃이 낮에 피고 밤에 지는 낮달맞이꽃이라는 식물도 있습니다. '분홍낮달맞이꽃'이라고도 불리는 이 식물은 우리나라 자생식물은 아니지만, 그 분홍색 꽃이 아름다워 관상용으로 많이 심습니다. 저는 이 연분홍색 꽃잎이 아름다운 낮달맞이꽃과 특별한 인연이 있습니다. 식물 일러스트레이션을 그리면서 처음으로 색을 입힌 식물이기 때문입니다. 이전에는 도감이나 논문을 위해 주로 흑백 선화로만 스케치를 했는데, 선배들의 권유로 처음 낮달맞이꽃에 색을 입혀보았습니다. 분홍색 꽃잎을 칠하며 느꼈던 사랑스러움이 아직도 기억에 생생합니다.

이름에서도 알 수 있듯 우리가 아는 흔한 달맞이꽃과 달리 분홍낮달맞이꽃은 낮에 꽃을 피웁니다. 달빛 아래 피는 노란색 달맞이꽃의 신비로움과는 달리 환한 낮에 분홍색 꽃잎이 산들거리는 따뜻함이 느껴지는 꽃이지요.

하루 24시간 중 꽃이 피는 시간을 결정하는 요인은 꽃가루를 전달하는 수분매개자와 관계가 많습니다. 나비와 벌이 찾아오는 낮과 달리 밤에는 박쥐나 나방, 설치류 같은 동물들이 찾아오니

암술 ------►

수술 ------►

꽃받침 ------►

자방 ------►

다. 그래서 낮에 피는 낮달맞이꽃은 나비와 벌을 수분매개자로 맞이하고, 밤에 피는 달맞이꽃은 나방을 수분매개자로 맞이합니다. 식물이 피운 꽃은 곧 식물의 생식활동을 의미합니다. 식물은 생식활동이 유리할 때를 선택해 꽃을 피우기 때문에 수분매개자의 활동 시간이나 계절과 꽃 피는 시기가 겹치게 됩니다. 물론 같은 이유로 풍매화나 수매화는 물과 바람을 잘 이용할 수 있는 계절과 시간을 택하죠.

마거릿 미Margaret Ursula Mee·1909~1988는 영국의 유명한 보태니컬 아티스트이자 환경운동가입니다. 그녀는 1960년 이후 아마존을 탐험하며 아마존 식물들을 그림으로 많이 남겼습니다. 그 당시에 여성 혼자 아마존을 탐험하며 그림을 그린다는 것은 지금보다 훨씬 어려운 일이었습니다. 저는 석사 때 그녀의 책을 읽고 몹시 감동하여, 혼자 라오스로 가 그곳의 식물을 그리겠다고 라오스에서 사는 방법을 열심히 찾아보기도 했답니다. 결국 라오스로 가지 않고 박사과정에 진학했지만요. 마거릿 미는 식물학자는 아니었지만, 식물을 그린 뒤 그림을 식물학자들에게 보여주었습니다. 그 그림을 통해 처음 신종이 밝혀지거나 몰랐던 생태가 밝혀진 경우도 있습니다.

마거릿 미를 상징하는 유명한 식물은 영어로 '아마존 문플라워Amazon moonflower'라고도 불리는 선인장과의 식물 '셀레니케레우스 윗티Selenicereus wittii'입니다. 이 종을 다른 식물분류학자가 먼저 발견하긴 했지만, 마거릿 미가 서식처에서 이 종을 관찰하며 처음으로 그림으로 남겼습니다. 이 식물은 밤에 꽃을 피우는데 달빛 아래 활짝 핀 꽃을 직접 보면서 그림으로 기록했다고 합니다. 꽃이 없을 때는 다른 나무에 달라붙어 있어 그다지 눈에 띄는 식물은 아닙니다. 하지만 달빛 아래 핀 흰 꽃은 정말 아름답습니다.

꽃이 피어 있는 시간도 정말 다양합니다. 가장 오래 피는 꽃과 가장 짧게 피는 꽃은 무엇일까요? 가장 오래 피는 꽃은 1백 일 동안이나 피어 이름까지 붙은 백일홍을 꼽습니다. 그렇지만 백일홍 꽃 한 송이가 1백 일 동안 피는 건 아닙니다. 한 송이는 24일 정도 피지만, 모

낮달맞이꽃

든 꽃송이들이 피고 지는 기간은 1백 일이라 이름이 그렇게 붙었지요.

반면 하루를 채 피우지 못하는 꽃도 있습니다. 영어 이름으로 '데이릴리Daylily', 원추리입니다. 릴리라고 불리는 백합이나 나리 종류들은 며칠씩 꽃을 피우기도 하지만, 원추리는 이름처럼 딱 하루만 꽃을 피웁니다. 원추리보다 더 짧은 시간 꽃을 피우는 식물로 자주달개비가 있습니다. 줄기 끝에 많은 꽃송이를 달고 있는데 이 꽃송이들이 아침에 한 송이씩 돌아가면서 피고 집니다. 그래서 자주달개비 한 줄기를 꽃병에 꽂아 두면 매일 아침 새로운 꽃을 감상할 수 있지요. 나팔꽃이나 분꽃도 하루가 아니라 단 몇 시간 동안만 꽃을 피웁니다.

꽃잎을 닫았다고 꽃이 진 것은 아니랍니다. 물 위에 핀 수련은 낮에는 꽃을 피우고 밤에는 꽃잎을 닫습니다. 열대성 수련은 낮과 밤에도 꽃잎을 활짝 펼치고 있지만, 우리나라에서 흔히 볼 수 있는 수련은 대개 규칙적으로 서너 번 꽃잎을 펼치고 닫기를 반복합니다. 며칠 동안 꽃잎을 펼치고 닫다가 결국 꽃이 지는 것이죠. 그래서 '수련睡蓮'이라는 이름은 '잠자는 연꽃'이라는 뜻입니다. 첫날에는 암술이 발달한 상태로 꽃이 핍니다. 그리고 밤에 꽃잎을 닫았다가 암술이 지고 수술이 발달한 상태로 다음 날 낮에 꽃이 피지요. 이것은 암술과 수술을 모두 가진 꽃이 암술과 수술의 발달 시기를 달리하여 자가수분을 막고 유전적 다양성을 높이기 위해 택한 방법입니다.

꽃은 있지만 피우지 않는 식물도 있습니다. 제비꽃은 가끔 폐쇄화를 만듭니다. 말 그대로 꽃을 피우지 않고 꽃잎을 오므리고 있는 꽃을 말하는데요. 폐쇄화는 번식 환경이 마땅치 않을 때 제비꽃이 선택하는 방법입니다. 폐쇄화를 만들면 자신의 꽃가루를 자신의 암술에 묻혀 자가수분을 하게 됩니다. 물론 다른 개체와 꽃가루를 주고받으면 유전적 다양성이 높아지지만 폐쇄화를 통해 약한 유전자를 가졌어도 확실하게 씨앗을 만드는 선택을 하는 것이죠.

식물은 각자 자신에게 적합한 시간에 꽃을 피우고, 삶의 다음 고리로 연결해갑니다. 사람도 저마다 꽃을 피우는 시간이 다를 겁니다. 어떤 사람은 일찍 찾아올 수도, 어떤 사람은 늦게 찾아올 수도 있겠죠. 중요한 건 일찍 꽃을 피우는 것보다 나에게 맞는 시간에 꽃을 피우기 위한 부단한 노력이 아닐까요? 꽃이 피는 순간을 기대하면서 말입니다.

세상을
움직이는
작은 입자

변산바람꽃 *Eranthis byunsanensis*

2~3월 이른 봄에 꽃을 피우는 미나리아재비과
식물이다. 한국 학자가 변산에서 처음 발견하여
학계에 '변산바람꽃'이라고 보고하였다. 흰색 꽃
잎처럼 보이는 것은 꽃받침이며 연한 푸른빛 꽃
밥을 가진 수술과 그 중간에 암술이 있다. 그 외
에 수술과 섞여 있는 노란색 또는 초록색의 깔
때기 모양 구조가 꿀샘을 가진 변형된 꽃잎이다.
이런 꽃의 구조와 이른 개화 시기는 꽃가루를 옮
겨줄 수분매개자를 유인하는 데 유리하다.

대마의 줄기가 삼베를 만드는 재료라는 사실을 알고 계셨나요? 대마는 흔히 '대마초'라고 불리며 잎과 꽃에는 향정신성 성분이 있습니다. 그래서 대마를 불법으로 재배하는 것이 문제가 되곤 하는데요. 2012년 식물학자들은 대마 불법 재배를 단속하는 새로운 방법을 제시했습니다. 공기 중에 떠다니는 꽃가루를 포집해 대마의 꽃가루가 있는지 확인하는 방법입니다. 이는 식물마다 꽃가루의 형태가 다르고 독특하기에 가능한 일입니다. 그뿐 아니라 꽃가루는 먼 거리를 날아갈 수 있고 긴 시간이 지나도 완벽하게 보존됩니다. 그래서 현미경으로 보아야 할 정도로 작은 꽃가루 입자를 화석에서도 온전한 모습으로 확인할 수 있습니다. 꽃가루는 식물이 성공적으로 유전자를 전달하고 개체를 번성시키기 위해 작고 완벽하게 만든 입자이지요.

꽃가루 하면 아무래도 꽃가루 알레르기가 먼저 떠오르는데요.

모든 식물의 꽃가루가 알레르기를 일으키는 것은 아닙니다. 알레르기의 원인이 되는 나무는 봄철 바람을 이용해 꽃가루를 퍼뜨리는 소나무, 참나무, 삼나무 등입니다. 제 지도 교수님 중 한 분은 참나무 꽃가루 알레르기가 있으셨습니다. 식물학자인데 꽃가루 알레르기를 가지고 있다는 얘기를 하시며 웃으셨는데, 왠지 슬픈 표정이신 듯 보였습니다.

봄철에는 참나무류의 꽃가루가 소나무 꽃가루와 함께 무시무시할 정도로 많이 날아다닙니다. 곤충이 아닌 바람의 도움을 얻어 번식하는 풍매화는 성공률을 높이기 위해 꽃가루를 많이 만듭니다. 알레르기 약을 먹으면서 알레르기 유발 물질이 가득한 산을 헤매며 식물을 채집하고 다니는 식물학자의 모습이 슬플 수밖에 없겠죠.

그런데 알레르기를 일으키는 것도 아닌데, 몇 년 전까지만 해도 사람들이 무서워하던 꽃가루가 있습니다. 바로 능소화 꽃가루입니다. 주황색 꽃을 한가득 피워내는 능소화는 맨드라미나 코스모스처럼 오래전부터 우리 곁에 있어 친숙한 식물인데요. 언젠가부터 능소화 꽃가루에 대한 괴담이 퍼지기 시작했습니다. 능소화 꽃가루가 눈에 들어가면 실명한다는 이야기였죠. 사람들은 꽃이 아무리 예뻐도 선뜻 다가갈 수 없었고, 공포심을 갖기에 이르렀습니다. 국립수목원은 능소화 꽃가루의 독성과 형태를 조사했고, 그

결과 능소화 꽃가루는 독성이 없고 표면이 매끈해 망막을 손상시키지 않는다고 발표했습니다. 능소화 괴담은 일부 문헌에 능소화 꽃가루의 모양이 잘못 기록되어 퍼진 소문이었습니다. 갈고리가 있어 망막을 손상시킬 수 있다는 기록 때문이었습니다.

꽃가루는 식물 종에 따라 표면이나 형태가 다양합니다. 능소화처럼 매끈하면서 그물 무늬인 것도 있고, 뾰족한 가시나 갈고리가 잔뜩 있는 것도 있는가 하면 원형, 삼각형, 타원형 등의 형태도 있습니다. 이런 독특한 꽃가루를 인체는 가끔 세균이나 독소 같은 항원으로 인식하는데요. 이를 제거하기 위해 항체가 작동하여 꽃가루 알레르기를 일으킵니다.

식물에게서 꽃가루는 어떤 역할을 할까요? 꽃가루는 동물로 보면 수컷의 생식세포에 해당합니다. 유전자를 전달하는 중요한 임무를 가지고 있습니다. 꽃가루는 이중벽을 만들고, 왁스와 단백질로 표면을 더욱 견고하게 만들어 열과 건조로부터 내부를 보호하고, 유전자 파괴를 막습니다. 또 꽃가루는 매우 정교한 구조로 되어 있습니다. 종마다 각

꽃가루의
다양한 형태

후박나무 꽃과
수술의 꽃가루 방출 과정

기 다른 크기와 형태를 갖는데, 외부 벽에 독특한 돌기나 무늬가 있는 종도 있습니다. 또 꽃가루관을 만들거나, 수분 함량을 조절하기 위해 벽 두께가 상대적으로 얇은 구멍이나 고랑 같은 구조를 만들기도 합니다. 꽃가루관[花粉管, pollen tube]이란, 꽃가루가 날아가 암술머리에 안착하면 꽃가루 표면에 생성되는 관입니다. 이 관은 암술대를 따라 뚫고 내려가 암술의 밑씨까지 연결됩니다. 꽃가루의 정핵(정자)이 밑씨의 난세포(난자)와 만날 수 있는 통로 역할을 하는 것입니다. 이런 꽃가루관이 꽃가루 표면을 뚫고 잘 형성될 수 있도록 꽃가루 이중벽 중에 두께가 얇은 부분이 있는 것입니다.

수정 방법에 따라 독특한 구조를 더한 식물도 있습니다. 소나무같이 바람에 꽃가루를 날리는 종들은 꽃가루에 풍선 같은 공기주머니를 달아 더 잘 날아갈 수 있도록 합니다.

한편 미국미역취처럼 수정에 곤충을 필요로 하는 종들은 꽃가루에 진득진득한 단백질을 만들어 곤충에 잘 달라붙게도 합니다. 일부 수생식물은 꽃가루의 이동에 물의 흐름을 이용하기 위해 꽃가루가 물에 잘 뜨게 만들기도 합니다.

꽃가루는 식물뿐만 아니라, 동물과 사람에게도 영향을 주는데요. 일부 동물, 특히 곤충들은 꽃가루를 먹기도 합니다. 꽃가루를 섭취해 영양분을 얻고, 같은 종의 꽃을 찾아갈 때 몸에 묻은 꽃가루를 옮겨 수정을 돕습니다. 헬리코니우스속*Heliconius* 나비 종들은 꽃가루를 섭취해 포식자들이 싫어하는 화학물질을 생성하기도 합니다. 꽃가루에서 영양분을 얻는 것은 동물뿐만이 아닙니다. 흙 위에 쌓인 꽃가루를 영양분으로 사용하는 곰팡이도 있고, 꽃가루 특성상 수가 많고 널리 퍼지다보니 바이러스와 기생충의 전파에 이용되기도 합니다.

인간 또한 꽃가루의 특성을 활용합니다. 시간이 지나도 변하지 않는 성질 때문에 꽃가루는 고고학이나 고생물학, 법의학 등에 유용한 자료가 됩니다. 영국의 '파이팅 크라임Fighting Crime'이라는 과학자 그룹에서는 총을 쏜 사람을 알아내기 위해 총알에 꽃가루를 사용한 예가 있습니다. 총알이 발사되고 나면

변산바람꽃의 진짜 수술(위),
가짜 수술처럼 변형된 꽃잎(아래)

Eranthis byunsanensis 변산바람꽃

총알에서 사용자의 지문과 유전자가 사라
져 감식하기 쉽지 않습니다. 그런데 총알에
꽃가루를 코팅하면 총알이 발사되어도 고유한 형
태를 잘 보존한 꽃가루는 총을 쏜 범죄자를 추적
하는 데 유용한 단서가 될 수 있습니다.

법의학에서는 범죄가 발생한 시기와 위치를 추
정하는 데 꽃가루를 활용합니다. 신발, 옷, 카펫
등에 남은 꽃가루를 현미경으로 살펴 식물 종을
밝혀내고 꽃가루가 있었던 특정한 장소를 구체적
으로 유추해가는 방법입니다. 최근에는 꽃가루에
서 유전자를 뽑아 정확하게 식물 종을 구별하는
꽃가루 DNA 바코딩 기술까지 나와서 꽃가루의
특성을 활용할 수 있는 길이 더욱 넓어질 것으로 보입
니다.

꽃가루는 눈에 보이지 않을 정도로 작지만 자신의 임무를 위해
견고하고 완벽하게 준비합니다. 작은 일이라도 임무를 달성하기
위해 세심하고 완벽하게 준비한다면, 작은 일들이 쌓여 큰 성과
로 연결되지 않을까요? 눈에 보이지 않는 작은 꽃가루가 씨앗을
맺게 하고, 또 하나의 식물을 만들어내듯 말입니다.

고사리의
4억 년

도깨비쇠고비 *Cyrtomium falcatum*

습도가 높고 따뜻한 남부, 중부 해안가 돌 틈에서
자란다. 높이 30~50센티미터로 자라는 늘 푸른
여러해살이풀로 관상용으로도 심는다. 잎 앞면은
억세고 가죽질이며 짙은 초록색으로 광택이 있고,
잎 뒷면에는 포자낭군이 전체적으로 분포한다.

우리 식탁에서 고사리가 사라진다면 저는 많이 섭섭할 것 같습니다. 고사리나물은 외국에 있으면 꼭 생각나는 음식 중 하나입니다. 비빔밥이나 육개장에 들어가기도 하고 나물로도 먹는 고사리를 외국인들, 특히 서양인들은 매우 독특하고 신기한 식재료로 여깁니다. 서양인들은 고사리를 먹지 않을 뿐만 아니라 독이 있다는 이유로 가축에게도 먹이지 않습니다. 하지만 한국 사람들은 말리고, 불리고, 볶는 전통 조리 과정을 통해 독성을 제거해 섭취하고 있습니다.

어느 봄날 영국왕립식물원을 방문했을 때 들은 재미있는 이야기가 생각납니다. 런던 중심가에서 식물원까지 가려면 지하철을 타고 꽤 멀리 이동해야 합니다. 복잡한 중심가를 벗어나면 지하철은 지상 구간을 지나가는데, 이때 차창 밖으로 수많은 고사리를 볼 수 있습니다. 저는 식물원에 도착해 영국 식물학자에게 오

Cyrtomium falcatum 도깨비쇠고비

는 길에 한국에서 먹는 고사리와 비슷하게 생긴 종을 많이 보았다고 이야기했습니다. 영국 식물학자는 철로 주변뿐만 아니라 식물원 근처 공원에도 고사리가 자라는데, 봄마다 고사리를 꺾는 아시아인이 많다고 했습니다. 아시아 음식을 잘 알지 못하는 영국인들은 아시아인들이 고사리를 어디에 쓰는지 매우 궁금해한다고 합니다.

이렇듯 우리에게 익숙한 고사리를 식물학에서는 '살아 있는 화석'이라고 부릅니다. 다른 육상식물에 비해 아주 오랫동안 지구에서 잘 생존해왔기 때문입니다. 고사리는 인간보다 한참 전에 지구에 출현하였죠. 영화 〈쥬라기공원〉을 보면 공룡과 함께 수많은 고사리가 등장합니다. 고사리는 고생대에 출현하여 중생대 쥐라기에 공룡과 함께 번성하였고, 공룡이 사라진 뒤 지금까지도 살아남아 자생하고 있습니다. 고사리들은 어떤 능력이 있어 이렇게 널리, 오래도록 지구에서 번성할 수 있었을까요?

도깨비쇠고비 서식처

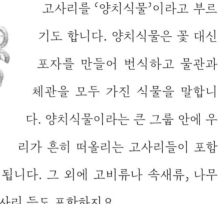

고사리를 '양치식물'이라고 부르
기도 합니다. 양치식물은 꽃 대신
포자를 만들어 번식하고 물관과
체관을 모두 가진 식물을 말합니
다. 양치식물이라는 큰 그룹 안에 우
리가 흔히 떠올리는 고사리들이 포함
됩니다. 그 외에 고비류나 속새류, 나무

모여 있는
도깨비쇠고비의 포자낭

고사리 등도 포함하지요.

재미있는 것은 식물학적 이름이 정확히
'고사리*Pteridium aquilinum* var. *latiusculum*'인
종도 하나 있다는 사실입니다. 이 종이
바로 우리가 요리로 먹는 식물, 그 고사
리입니다. 이 종은 전 세계 북반구 온대와

포자낭과 포자

난대 지역에 널리 분포하기 때문에 런던에서 채취한 고사리도,
미국에서 채취한 고사리도 약간의 변종이 있긴 하지만 다 같은
종입니다.

고사리는 육지의 다양한 곳에 서식합니다. 열대나 한대, 고산이
나 습지에도 적응하여 뿌리내렸습니다. 고사리가 지구에 적응하
여 널리 생존할 수 있었던 이유는 식물의 진화 과정과 관계가 깊

습니다. 식물은 쉽게 말해 광합성을 하는 생물로, 처음에는 물속에서 살다가 땅으로 나와 적응하면서 진화했습니다. 그래서 물속에 사는 파래나 클로렐라 같은 녹조류, 물가에 자라는 이끼인 선태류[*]도 식물에 포함됩니다. 고사리는 이런 조류^{**}와 선태류 다음에 나타난 식물군인데요. 조류나 선태류와 달리 물을 벗어나 땅 위에 성공적으로 적응하면서 식물의 새로운 시대를 열었습니다.

말은 쉽지만, 물속과 육지는 전혀 다른 환경입니다. 땅에 살던 사람이 물속에서 살기 시작한 것과 다름없는데요. 고사리는 육상에서 살아남기 위해서 큰 변화를 겪어야 했습니다. 육지에서는 난자와 정자의 수정에 필요한 물을 얻기 어려웠고, 강한 햇빛 때문에 수분도 쉽게 빼앗겼습니다. 물속에 있을 때는 물을 통해 온몸으로 쉽게 양분을 흡수했지만, 땅 위에서는 그렇게 할 수 없었습니다. 이런 환경에 적응하기 위해 고사리는 표면을 단단하게 보호하고, 필요할 때만 가스를 교환하는 구멍, 즉 기공氣孔을 발달시켰습니다. 또 물관과 체관, 즉 관다발을 만들어서 물과 양분을 수송하기 시작했습니다. 관다발은 식물 줄기를 단단하게 지지하는 역할도 해 고사리를 높고 크게 자랄 수 있게 하였습니다.

---

[*]　蘚苔類: 최초로 육상생활에 적응한 식물군으로, 흔히 이끼식물이라고 함.

^{**}　藻類: 대부분 물속에서 살고 육상식물에서 발견되는 기공, 관다발과 같은 세포와 조직으로 분화하지 않았으며 포자에 의해 번식함.

포자가 있는
도깨비쇠고비 잎 뒷면

최초의 나무는 이렇게 탄생했습니다. 양탄자를 깔아놓은 것처럼 낮은 초록색 풀이 깔려 있던 지구에 높은 키를 가진 식물이 등장한 것입니다. 키가 클수록 햇빛을 더 잘 흡수할 수 있었기에 나무는 풀에 비해 햇빛 경쟁에서 우위를 점했고, 수명도 더 길어졌습니다.

최초의 나무는 고생대 석탄기에 나타나, 지금은 멸종한 와티에자속*Wattieza*에 속하는 고사리였습니다. 최초의 나무가 고사리였다는 것이 신기합니다.

지금도 많은 나무고사리들이 살아남아 있습니다. 나무고사리목에 속하는 식물들은 멀리서 보면 큰 야자나무처럼 보입니다. 하지만 중간에 솟아올라온 고사리손을 보거나 꽃이 피지 않고 포자가 날리는 모습을 보면 영락없는 고사리이지요. 큰 종은 높이가 10미터가 넘습니다. 고사리 다음에 지구에 출현한 식물은 포자 대신 꽃이 피고 열매를 맺는 식물인 현화식물입니다. 그러나 현화식물이 번성한 현재까지도 고사리는 원시적인 특징을 가지고도 환경에 잘 적응하여 현화식물과 어울리며 살아남았습니다.

고사리를 보면서 새로운 변화에 잘 적응하는 방법은 무엇일까 생각해봅니다. 천지개벽 같은 환경 변화라도 그것에 맞춰 혁신

적으로 스스로를 변화시키는 힘이 필요하겠지요. 또 옛것을 간직하면서도 새것과 조화를 이룰 수 있는 지혜와 유연함이 필요하지 않을까요. 그것이 우리 인간보다 더 오래 지구에 살고 있는 고사리가 알려주는 장수의 비결이 아닌가 싶습니다.

대지로
내려온
잎사귀들

산딸나무 *Cornus kousa*

경기도 이남에서 자라는 낙엽활엽수이다. 가을에 빨간 산딸기 모양을 닮은 열매가 맺혀 산딸나무라고 불리며, 익은 열매는 생으로 먹을 수 있다. 6월에 작은 꽃들이 모여 피고 그 밑을 네 개의 흰색 포가 싸고 있어 네 개의 꽃잎을 가진 하나의 꽃처럼 보인다. 붉은 열매와 함께 가을에 붉게 물드는 단풍을 보기 위해 정원수로도 심는다.

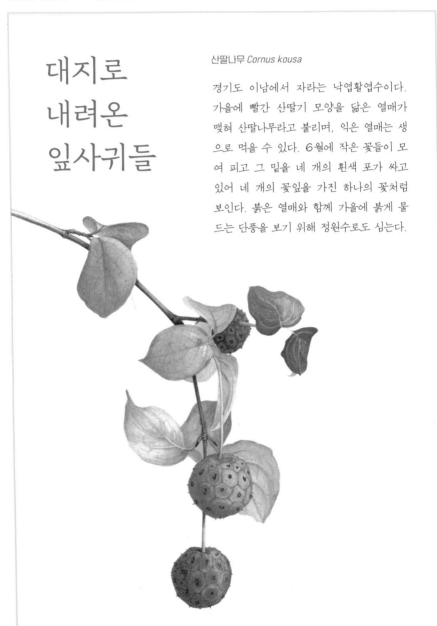

가을이 끝나는 계절, 미국 작가 오 헨리O. Henry · 1862~1910의 단편소설 〈마지막 잎새〉를 떠올리며 엉뚱한 생각을 해봅니다. 〈마지막 잎새〉는 유명하지만, 그 잎사귀가 무슨 식물이었는지 기억하는 사람은 아마 드물 겁니다. 유명한 소설이라 마지막 잎사귀 이미지는 다양한 그림과 사진으로 만들어졌는데요. 제각각 다른 식물이 마지막 잎사귀로 표현되었지만, 사실 소설 속 식물은 담쟁이덩굴이랍니다. 건물과 담장을 덮었던 담쟁이덩굴 잎은 가을에 붉게 물들었다 떨어집니다.

아픈 소녀는 무명 화가가 벽에 그려준 잎을 마지막까지 떨어지지 않은 나뭇잎이라 생각했고, 그 덕분에 기운을 차립니다. 안타깝게도 그 화가는 폭풍우 속에서 그림을 그리다 폐렴에 걸려 먼저 죽게 되지만요.

낙엽을 보면 여러분은 어떤 생각을 하시나요? 소녀처럼 삶의 끝을 떠올리진 않나요? 하지만 식물에게는 낙엽이 결코 끝이 아닙니다.

초등학교 1학년 때 그렇게 가기 싫던 학교를 일요일에 혼자 간 적이 있습니다. 노란 은행나무 잎들이 한꺼번에 떨어지는 광경을 구경하기 위해서였습니다. 운동장에 일렬로 자라던 은행나무는 매일 점점 더 노랗게 물들어 잎이 곧 떨어질 것만 같았습니다. 일요일 저녁에 바람이 강해지는 것을 보고 얼른 학교로 뛰어갔습니다. 노을을 배경으로 은행나무 잎이 떨어지는 장관을 혼자 보고 있으니 함께 구경하는 이가 없어 어찌나 안타까웠는지 모릅니다.

정확하게 말하면, 낙엽은 풀이 아니라 나무에서 떨어져 나온 잎입니다. 흔히 우리는 참나무같이 잎이 넓고 가을이 되면 한 번에 우수수 떨어지는 낙엽활엽수의 잎을 떠올립니다. 하지만 소나무같이 잎이 바늘 같은 침엽수나 동백나무같이 1년 내내 푸르른 상록수에서도 낙엽이 집니다. 가을에 우수수 낙엽이 져 멋진 모습을 연출하는 낙엽활엽수와 달리 침엽수와 상록수는 1년 내내 조금씩 계속해서 잎을 떨어뜨립니다.

날이 추워지고 햇빛이 줄어드는 가을, 겨울 동안 나무들은 나뭇잎을 가지고 있을지, 떨어뜨릴지 선택합니다. 날이 추워지면 식물은 수분이 많기 때문에 쉽게 얼어붙을 수 있습니다. 또 겨울은 추울 뿐만 아니라 매우 건조한데요. 넓은 표면적의 잎을 통해

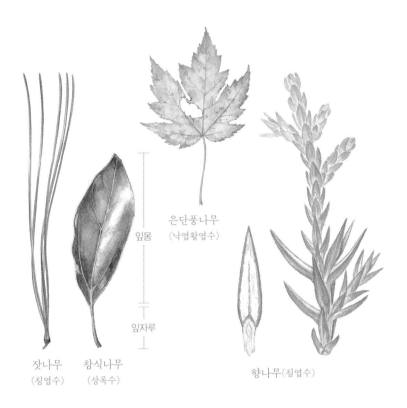

잣나무
(침엽수)

참식나무
(상록수)

잎몸

잎자루

은단풍나무
(낙엽활엽수)

향나무(침엽수)

수분을 잃기 쉽습니다. 결국 나무는 햇빛이 줄어들어 광합성 기
관인 잎을 유지하는 에너지와 햇빛을 통해 생산하는 에너지를
저울질하게 됩니다. 낙엽활엽수와 상록수는 이런 문제에서 서로
다른 선택을 한 것이죠.

가을에 낙엽을 주워보면 잎몸에 잎자루가 달린 것을 볼 수 있
습니다. 나뭇잎 한 장을 살펴보면 커다란 잎몸 면적에 비해 가느

다란 잎자루를 가지고 있습니다. 연약해 보여도 봄, 여름 긴긴 시간을 매달려 있을 수 있도록 매우 튼튼하게 설계되었습니다. 식물 세포들은 펙틴질*이라는 접착제로 서로서로 단단히 붙어 있습니다. 낙엽이 질 때 잎자루 끝과 나뭇가지 사이에 이런 접착제가 줄어들고 세포들도 변화를 일으킵니다.

잎이 분리되는 자리를 '탈리대脫離帶'라고 합니다. 이 부분은 보호층과 분리층으로 나뉩니다. 잎이 떨어질 시기에는 분리층의 세포가 점점 약해지면서 그 부분이 분리되는 것이죠. 그런데 잎이 떨어지고 나면 그 자리는 상처가 난 것같이 외부에 노출됩니다. 그래서 외부의 균이나 곰팡이가 나무 속으로 쉽게 침입하게 됩니다. 이를 막기 위해 분리층 아래 보호층을 만들어 세포들을 단단하고 튼튼하게 합니다. 잎이 떨어져도 그 부분은 이미 나무껍질처럼 단단하게 보호되어 있죠.

또 잎이 떨어지는 과정에는 에틸렌**과 앱시스산***과 같은 식물호르몬도 작용합니다. 특히 에틸렌은 식물 노화 호르몬으로 알

---

* pectic substances: 탄수화물 복합체로 과일이나 채소류의 세포막이나 세포막 사이의 얇은 층에 존재하며 교질성을 띰.

** ethylene: 기체로 된 식물호르몬으로 식물 조직 대부분에 소량으로 존재하면서 성숙, 개화, 잎의 탈리 등을 유도하거나 조절함.

*** abscisic acid: 종자 휴면 유도, 발아 억제, 가뭄을 비롯한 불리한 환경에서 생장 억제, 기공의 닫힘 등의 기능을 조절함.

려져 있습니다. 이미 고대 중국에서는 과일이 익는 시기를 앞당기는 용도로 활용해왔습니다. 예를 들어 풋과일을 에틸렌이 많이 함유된 익은 과일이나 에틸렌을 많이 생성하는 사과, 복숭아, 바나나와 같은 과일과 함께 두면 빨리 익습니다. 요즘도 농가에서는 과일을 숙성시키기 위해 에틸렌을 활용합니다. 그런데 이 에틸렌의 또 다른 역할이 탈리대의 접착능력을 약화시키는 효소를 만드는 것입니다. 앱시스산은 식물의 성장환경이 좋지 않을 때 씨앗이 싹트지 않도록 휴면을 유도하는 호르몬으로 알려져 있는데요. 세포 분열을 억제하는 기능도 있어서 겨울이 되면 성장속도를 늦추는 역할을 합니다.

식물은 햇빛이 줄어들고 날이 추워지는 것을 감지해 이렇게 호르몬을 변화시키고, 나뭇잎을 떨어뜨려 스스로 생장에 유리한 조건을 만듭니다. 거꾸로 말하면 낙엽활엽수를 빛이 강하고 온도가 따뜻한 실내에 계속 둔다면 호르몬 변화가 없어 1년 내내 낙엽이 지지 않을 수 있다는 것을 의미하죠.

잎이 떨어지고 나면 그 자리에 흔적이 남습니다. 이를 '엽흔'이라고 합니다. 엽흔을 유심히 보면 특이한 문양이나 귀여운 동물, 웃거나 울상인 사람의 얼굴처럼 보이기도 합니다. 이를 흥미롭게 여겨 엽흔 사진만 수집하는 식물 애호가들도 있는데요. 엽흔에

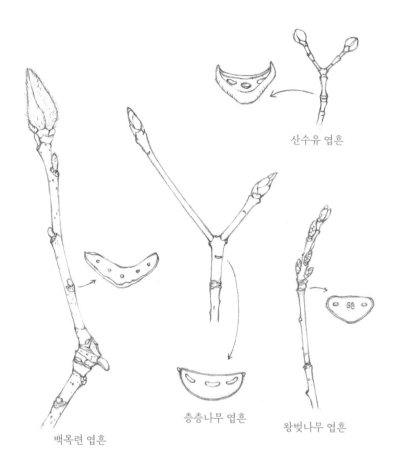

산수유 엽흔

백목련 엽흔

층층나무 엽흔

왕벚나무 엽흔

남은 문양은 사실 '관속흔管束痕'이라는 것입니다. 물과 양분이 이동했던 물관과 체관, 즉 관다발의 흔적이죠. 이 엽흔의 모양은 식물 종마다 달라서 엽흔을 보고 무슨 나무인지 짐작하는 것도 가능합니다. 엽흔 위에는 대개 겨울눈이 자리하게 됩니다. 겨울눈은 여름과 가을 동안 만들어져 겨울을 납니다. 겨울눈 안에는 내년에 피어날 작은 꽃과 잎이 있는데, 겨울의 추위와 건조를 막기 위해 여러 비늘 잎이 겹겹이 감싸고 있습니다. 진액이나 털을 이용해 한층 더 튼튼한 보호막을 만들기도 합니다. 겨울눈 또한 모양과 색이 다양해서 엽흔처럼 나무를 구별하는 중요한 특징이기도 하죠. 또 꽃눈과 잎눈의 형태가 달라서 내년에 어디서 꽃이 피고, 어디서 잎이 날지 알 수 있는 식물도 있는데, 산수유가 대표적입니다.

꽃눈을 잘라 그 안을 살펴보면 내년 봄에 피어날 꽃들이 벌써 견고하게 수술과 암술, 꽃잎을 만들어 봄을 기다리는 모습을 발견할 수 있습니다.

가을이 오고, 겨울이 오면 우리는 떨어지는 낙엽을 마주합니다. 지나간 한 해를 돌아보고, 올 한 해도 다 지나갔구나 하고 생각합니다. 나뭇가지에 매달려 식물에게 필요한 양분을 만들고 숨쉬게 하던 잎은 결국 떨어지지만, 그것이 끝은 아닙니다. 새로운 잎을 키우는 또 다른 소임의 시작이죠. 도심에서는 떨어진 낙엽을 금세 치워버리지만, 자연에서 낙엽은 오래도록 나무뿌리 근처에 쌓여 서서히 썩어갑니다. 매서운 바람과 차가운 눈을 맞으며 낙엽은 거름이 되고, 나무를 다시 살게 하는 양분이 됩니다. 사람

Cornus kousa 산딸나무

도 마찬가지가 아닐까요? 끝이라고 생각한 순간이 또 다른 시작
이 될 수 있다는 사실을 함께 기억하였으면 좋겠습니다.

CHAPTER 2

들녘에
홀로 서서

물 위를 떠도는 용기

개구리밥 *Spirodela polyrhiza*

논이나 연못의 물 위를 떠다니며 사는 부유식
물이다. 잎처럼 보이는 것은 잎이나 줄기로 분
화하지 않은 엽상체로, 그 중간 부분에서 물속
으로 여러 개의 뿌리가 달린다. 여름에 꽃이 드
물게 피며 가을에 열매가 익는다. 주로 기존 엽
상체 옆에 새로운 엽상체를 만들어 빠르게 번
식하며 겨울에는 겨울눈이 물속에 가라앉았다
가 봄에 떠올라 다시 번식한다.

'부평초 같은 인생'이라는 말이 있습니다. 정처 없이 떠돌아다니는 신세나 인생을 비유하는 말인데, 옛 유행가에 종종 등장하지요. 부평초浮萍草는 '물 위에 뜬 풀'이라는 뜻으로 개구리밥을 이릅니다. 저는 부평초가 개구리밥의 또 다른 이름이라는 사실을 알게 되었을 때 의아했습니다. 개구리밥이 정처 없이, 준비 없이 떠돌아다니는 신세를 의미하는 식물이라는 것에 동의할 수 없었기 때문입니다. 개구리밥은 수생식물 중에서도 가장 작은 식물이지만, 삶의 방식은 매우 독특하고 탄탄합니다. 개구리밥이 얼마나 특별한 방법으로 살아가는지 알게 된다면 부평초 같은 인생도 괜찮다는 생각이 드실 겁니다.

식물의 진화 과정을 보면 물속에 살던 일부 조류가 진화하여 점차 육지로 이동했고, 우리가 흔히 보는 육상식물로 진화했습니다. 그런데 개구리밥 같은 수생식물은 좀 다릅니다. 육상식물이 다시 물속으로 들어가 적응한 사례이지요. 수생식물들은 살아가는 형태에 따라 정수식물, 부엽식물, 침수식물, 부유식물로 나뉩니다. 연못가에서 많이 자라는 부들처럼 물가에 뿌리를 내리고 잎과 줄기 등 대부분이 공기 중으로 나와 있는 식물은 정수식물, 수련처럼 땅에 뿌리를 내리고 수면에 잎이 뜨는 식물은 부엽식물, 조류처럼 완전히 물속에 잠겨 사는 식물은 침수식물, 개구리밥처럼 자유롭게 떠다니는 식물은 부유식물이라고 부릅니다.

부유식물은 땅에 뿌리를 내리지 않아 물에 쉽게 휩쓸리고 뒤집힐 수 있습니다. 하지만 개구리밥은 이마저도 잘 적응했는데요. 그저 작은 둥근 판 모양인 것 같지만 확대해서 자세히 살펴보면 가장자리로 갈수록 얇아지는 구조의 엽상체*로 되어 있습니다. 그 덕에 물의 표면장력을 잘 이용하여 수면에 안정적으로 달라붙어 살 수 있습니다. 엽상체란, 우리가 잎이라고 생각하는 개구리밥 그 자체입니다. 개구리밥은 줄기와 잎이 없고, 완전히 분화하지 않은 조직인 엽상체로 되어 있습니다. 전체적으로 스펀지처럼 얇고, 공기가 든 엽상체는 부력을 이용해 물 위를 떠다니는 데 효과적입니다. 엽상체가 물과 맞닿은 뒷면 중간 부분에서 물속으로 뻗어가는 긴

---

*   葉狀體: 몸 전체가 잎처럼 생기고 평평하며, 잎과 같은 기능을 하는 기관.

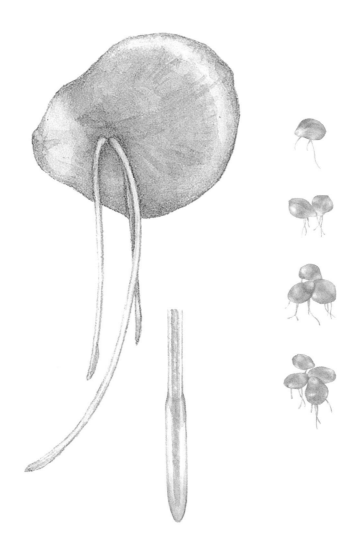

Spirodela polyrhiza 개구리밥

뿌리가 자라는데, 도톰한 모자같이 생긴 뿌리골무가 그 끝을 감싸고 있습니다. 이는 무게 추처럼 평형을 유지하는 역할을 해서 개구리밥이 뒤집히지 않게 합니다.

한편 개구리밥의 표면은 육상식물과 조류의 장단점을 보완하는 여러 기능이 있습니다. 일반적으로 육상식물은 물을 얻는 데 어려움이 있고, 조류는 햇빛을 얻는 데 어려움이 있습니다. 개구리밥은 물 위를 부유하면서 물과 공기를 모두 효율적으로 얻습니다. 효과적으로 광합성을 하기 위해 공기와 접하는 엽상체 윗면은 물에 젖지 않고, 반질반질한 상태를 유지합니다. 또 공기가 드나드는 기공을 항상 열어두어서 수분을 배출합니다. 물과 접하는 엽상체 뒷면은 물에 잘 달라붙는 재질이며, 이로 인해 개구리밥은 물 위에서 안정적으로 떠다닙니다.

저는 1년 동안 개구리밥이 자라는 습지를 자주 방문했습니다. 개구리밥 꽃을 보기 위해서입니다. 아마 '개구리밥도 꽃을 피우나?' 하고 생각하는 분도 있으실 것 같습니다. 개구리밥은 여름철에 작은 잎들 사이로 눈에 보이지 않을 만큼 아주 미세한 꽃을 피웁니다. 꽃이 피니까 당연히 씨앗도 맺힙니다. 하지만 우리가 개구리밥 꽃을 보기 힘든 이유는 크기가 작아서이기도 하지만, 꽃을 피우는 일이 흔치 않기 때문입니다. 개구리밥은 주로 엽상체의 수를 늘리는 방식으로 빠르게 번식하는데요. 개구리밥을 보면 엽상체가 하나인 것도 있고, 여러 개가 붙어 있는 것도 있습니다. 일종의 번식 과정 이지요. 줄기에서 싹이 나듯 기존 엽상체 옆에 다 른 엽상체를 만들어 번식하다가 네다섯 개 정도가 되면 서로 연결된 연결사를 잘라 개체를 늘려가는 방식입니다.

　이렇게 연못을 뒤덮은 개구리밥도 겨울이 되 면 언제 그랬냐는 듯 홀연히 사라집니다. 죽은 걸까 요? 물론 아닙니다. 겨울에는 씨앗 같은 겨울눈을

좀개구리밥

만들어 동면에 들어갑니다. 이때 개구리밥은 체내 녹말을 늘리 고 밀도를 높여서 공기를 제거합니다. 그러고는 물속에 가라앉 아 땅에 붙어 겨울을 납니다. 광합성이 필요하지 않은 상태로, 얼 지 않고 겨울을 보내다가 봄에는 다시 둥둥 떠올라 광합성을 시 작합니다. 그러다 여름이 되면 어느새 물 위를 다시 초록빛으로 가득 채우는 것이죠. 번식 속도가 얼마나 빠른지 하나의 엽상체 가 두 개가 되는 데 30시간이 채 걸리지 않는 개구리밥류도 있습 니다. 이는 꽃이 피는 식물 가운데 가장 빠른 속도입니다.

　이런 개구리밥의 생존능력은 2014년 개구리밥의 게놈이 밝혀 지면서 어느 정도 비밀이 풀렸는데요. 그 형태와 생활사가 특이

좀개구리밥 암술(왼쪽)과
길이가 다른 두 수술

한 만큼 게놈도 다른 식물과는 확연히 다릅니다. 우선 단백질을 만드는 유전자의 수가 적고 게놈의 크기가 외떡잎식물 중 가장 작습니다.

개구리밥의 유전자는 잎과 줄기를 만들지 않게 하고, 간단한 구조의 엽상체를 만들어 에너지를 절약하도록 합니다. 그리고 꽃을 피우는 데 에너지를 사용하기보다 엽상체로 그 수를 늘려 빠르게 번식합니다. 이를 위해 쉽고 빠르게 분해해 사용할 수 있는 녹말 형태로 높은 에너지를 저장하고 있습니다.

다른 식물에서는 볼 수 없는 개구리밥의 폭발적인 번식력과 작고 간단한 구조, 독특한 생활 방식은 우리에게 많은 가능성을 열어주었습니다. 개구리밥은 미래의 동물 사료, 수질 오염 개선이나 이산화탄소 감소를 위한 대안으로 떠오르고 있습니다. 이미 개구리밥은 빠른 성장과 높은 단백질 함량으로 어류나 가금류의 사료로 사용되고 있습니다. 이런 시도는 다른 가축 사료에도 적용할 수 있습니다. 또한 연료의 일종인 바이오에탄올로 개발되었고, 높은 수질 정화 능력을 이용해 친환경적이고 경제적인 생물 정화제로도 사용되고 있습니다.

잎과 줄기로 분화하지 않고, 작고 간단한 형태로 부유하며 사는 개구리밥은 땅에 고정된 다른 식물과는 분명 다른 삶의 방식을 선택했습니다. 힘없이 휩쓸리도록 설계된 삶은 식물의 세계에서도 여러모로 일반적이지 않습니다. 개구리밥을 보며 우리는 전혀 다른 새로운 삶의 방식을 택하는 도전에 대해 생각해보게 됩니다. 남들이 선택해온 길 대신 새로운 길, 새로운 삶을 선택하려면 많은 용기와 노력이 필요합니다. 하지만 그만큼 다른 사람은 얻지 못할 새로운 경험을 얻을 수 있겠죠. 그러니 부평초 같은 인생, 충분히 가치 있는 삶이 아닐까요?

이런 곳에도, 초록!

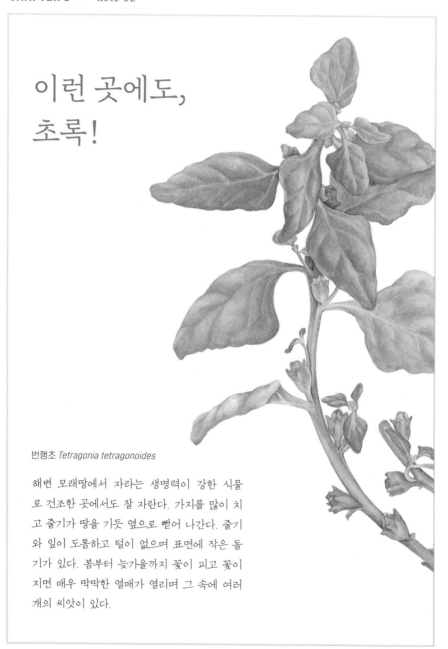

번행초 *Tetragonia tetragonoides*

해변 모래땅에서 자라는 생명력이 강한 식물
로 건조한 곳에서도 잘 자란다. 가지를 많이 치
고 줄기가 땅을 기듯 옆으로 뻗어 나간다. 줄기
와 잎이 도톰하고 털이 없으며 표면에 작은 돌
기가 있다. 봄부터 늦가을까지 꽃이 피고 꽃이
지면 매우 딱딱한 열매가 열리며 그 속에 여러
개의 씨앗이 있다.

무법자들이 결투를 벌이는 미국 서부영화에 단골로 등장하는 장면이 있습니다. 결투 직전, 누구도 먼저 총을 뽑지 않고 멈춰선 긴장감만 가득한 장면을 가로지르며 흙먼지와 잡초 뭉텅이가 굴러갑니다. 그런데 혹시 '이 잡초 뭉텅이는 무슨 식물일까?' 하고 궁금하지 않으셨나요? 지푸라기나 죽은 식물이 대충 바람에 엉겨붙은 것이라고 생각하기 쉽지만 사실, 이것은 건조한 서부 지역에서 사는 식물 나름의 생존방식입니다. 콩과, 국화과, 백합과 등에 속하는 많은 식물이 이렇게 굴러다니는데 이를 '회전초 tumbleweed'라고 부릅니다. 회전초는 성숙하여 열매를 맺은 뒤 뿌리나 줄기에서 분리되어 마른 상태로 거리를 배회합니다. 그러다가 비가 와서 젖으면, 그 순간 그 자리에 뿌리를 내립니다. 메마른 광야에 적응한 식물의 지혜이지요.

번행초 잎의 표면 돌기

Tetragonia tetragonoides 번행초

식물에게 극한 환경 중 하나는 염분 농도가 높은 바닷가와 갯벌일 겁니다. 그곳에는 소금기로 인한 삼투압과 바닷바람을 자신만의 방식으로 극복해내고 살아가는 식물들이 있습니다. 우리나라 해변의 모래땅에서 흔히 볼 수 있는 번행초는 바닷가에서 자라는 식물로, 잎이 두껍고 물방울처럼 보이는 작은 돌기들로 가득 덮여 있습니다. 노란 꽃이 핀 뒤 열리는 열매는 익으면 매우 딱딱한데 그 안에 여러 개의 씨앗을 보호하고 있지요. 오래전부터 뉴질랜드 마오리족이 번행초를 먹어와서 영어로는 '뉴질랜드 시금치New Zealand spinach'라고 불립니다. 우리나라 어촌에서도 번행초로 나물이나 김치를 만들어 먹습니다. 저는 바닷가에서 번행초를 자주 만났고, 특히 독도에서 만난 번행초를 오랫동안 관찰하며 그림으로도 남겼습니다. 그런데 항상 생태와 형태에 대한 문헌만 읽었지 먹어볼 생각을 하지 않아 후회가 됩니다. 그림을 다 그리고 우연히 찾아본 번행초 요리는 튀김과 국, 샐러드까지 다양했습니다. 아직도 먹어보지 못한 번행초의 맛이 몹시 궁금합니다.

번행초 꽃

바닷가가 아니라 갯벌 한가운데에서 자라는 식물도 있습니다. 이런 식물들을 '염생식물'

번행초 꽃이 열매로 변해가는 과정

이라고 부릅니다. 영종대교를 건너다 갯벌을 빨갛게 물들인 키 작은 식물을 보신 적이 있으실 텐데요. '퉁퉁마디'라는 염생식물입니다. 이외에도 나문재, 수송나물, 해홍나물, 칠면초 등 다양한 식물이 갯벌에서 바닷물을 먹고 삽니다.

 염분이 많은 환경에서 살아남기 위해서 가장 중요한 것은 염분의 농도를 낮추는 것입니다. 염생식물은 수분을 많이 저장하기 위해 아예 퉁퉁한 다육성* 몸을 갖기도 하고, '염선salt gland'이라는 조직에 소금을 빨아들여 모아두었다가 떨궈내는 방법을 쓰기도 합니다. 또 다른 방법은 수분을 뺏기지 않기 위해 바닷물보다 체

---

* 多肉性: 수분이 많고 잎, 줄기 혹은 뿌리에 물을 저장하는 기능이 발달한 두꺼운 성질.

내 삼투압 농도를 높이는 것입니다. 칼륨처럼 나트륨이 아닌 다른 무기물의 농도를 높여서 수분을 가두는 방법입니다.

식물이 살기 힘든 곳 가운데 지구에서 가장 추운 두 곳을 빼놓을 수 없겠지요. 남극과 북극입니다. 두 곳 중 식물이 더 많이 사는 곳은 어디일까요? 남극과 북극은 서로 반대편에 있지만 극지방이라 살고 있는 식물의 수가 비슷할 거라고 생각하기 쉽습니다. 하지만 북극에는 약 1천7백 종의 다양한 식물이 살아가는 반면, 남극에는 단 두 종, 벼과 좀새풀속에 속하는 식물 한 종(데스샴시아 안타르티카*Deschampsia antarctica*)과 석죽과 식물 한 종(콜로반더스 퀴텐시스*Colobanthus quitensis*)만이 살고 있습니다. 그 이유는 북극은 주변에 육지가 있지만 대부분 얼어붙은 바다이고, 남극은 육지이기 때문입니다. 육지는 바다에 비해 훨씬 온도가 낮기 때문에 식물이 살기에 남극이 더 혹독한 환경이지요. 이곳 식물들은 추위를 견뎌내기 위해 다른 지역 식물보다 빠른 생활 패턴을 가지고 있습니다. 날이 따뜻해지면 싹이 트고 꽃이 피고 열매를 맺는 모든 과정을 순식간에 해치웁니다. 만약 그해 너무 추워, 자라기에 적합한 온도가 되지 않는다면 1년을 꼬박 추위를 견디며 다음 해를 기약하기도 합니다. 심지어 꽃이 피고 종자를 맺는 과정을 생략한 채 뿌리로만 번식하는 무성 생식을 자처하기도 합니다.

높은 온도와 습도는 식물의 생존에 유리한 요소입니다. 하지만 온도는 높은데 습도가 매우 낮다면 이야기는 많이 달라지는데요. 체내 수분 비율이 높은 식물은 사막처럼 온도가 높고 수분이 부족한 환경에서 견디기 힘듭니다. 사막에서 살아가는 식물은 생존을 위해 아카시아처럼 물을 흡수하기 좋게 넓고 촘촘히 뻗은 뿌리를 갖기도 하고, 선인장이나 돌나물과 식물들처럼 물을 저장하기 쉽게 몸을 통통하게 만들기도 합니다. 동시에 넓은 잎을 많이 만들지 않아 몸의 표면적을 줄이고, 탄소와 산소를 교환하는 기공을 깊숙이 숨겨놓거나 밤에만 여는 방식으로 수분 손실을 방지하기도 합니다. 가스 교환을 위해 기공을 열었을 때 수분도 함께 날아가기 때문입니다. 잎에 왁스층을 발달시켜 수분 손실을 막기도 하고, 털을 잔뜩 만들어 햇빛을 반사시키기도 합니다.

한편 건조한 기후를 역으로 이용해 살아남은 식물도 있습니다. '킹프로테아king protea'라고 불리는 남아프리카공화국의 국화인 프로테아 신아로이데스*Protea cynaroides*가 그중 하나입니다. 아프리카 초원의 여름은 건조해 번개나 마찰로 인한 산불이 쉽게 발생합니다. 산불이 일어나면 식물 대부분은 죽습니다. 하지만 프로테아 신아로이데스를 비롯해 프로테아류 식물에겐 다음 세대를 생산할 수 있는 중요한 기회입니다. 산불로 두꺼운 씨앗과 줄기의 껍질이 타면 싹을 틔우고, 새 가지가 나오기 때문입니다.

식물의 세계를 들여다보면 '이런 곳에도 식물이 자라고 있어?' 하고 놀라는 경우가 많습니다. 말을 못 하는 식물이지만 어려운 환경에 맞게 현명하게 살 방법을 찾아낸 것을 보면 기특하다는 생각마저 듭니다. 여러분은 어떤 방식으로 어려운 상황과 환경을 헤쳐나가고 계신가요? 열악한 환경에 맞서 때로는 빠르게, 때로는 과감하게, 때로는 과학적으로 생존법을 찾아낸 식물에게서 삶의 지혜 한자락을 얻어봅니다.

나무의
갑옷

까마귀쪽나무 *Litsea japonica*

바닷가에서 자라는 늘푸른나무이다. 제주도를 포함한 우리
나라 남부 지역에서 자라며 특히 소금기와 해풍에 강해 제
주도에서는 가로수와 방풍림 조성을 위해 많이 심는다. 나
무껍질은 갈색이며 잔가지는 굵고 잎에 털이 난다. 잎 앞면
은 가죽질에 털이 없고 뒷면은 갈색 털이 빽빽하게 있다.

미국 캘리포니아주 화이트산맥에는 지구상에 현존하는 식물 중 가장 나이가 많은 식물이 살고 있습니다. 소나무의 일종으로 학명은 파이너스 롱가에바*Pinus longaeva*이고, 별명은 '므두셀라 나무'입니다. 성경에서 969살까지 살았다 하여 가장 장수한 인물로 여겨지는 노아의 할아버지 이름을 딴 이 별명처럼, 이 나무의 나이는 무려 5,068세로 추정됩니다. 이 나무 외에도 식물을 나이순으로 줄을 세우면 어르신에 속하는 식물은 대부분 나무입니다.

육상식물은 크게 풀과 나무로 구분됩니다. 풀은 겨울이 되면 시들어 죽습니다. 여러해살이풀이라도 겨울이 되면 땅속의 뿌리는 살아남지만 땅 위에서는 사라집니다. 나무는 땅 위에 튼튼한 줄기를 가지고 계속 성장하지요. 무엇보다 나무는 풀과 달리 혹독한 환경에서도 줄기를 성장시킬 수 있는 두꺼운 갑옷을 가지고

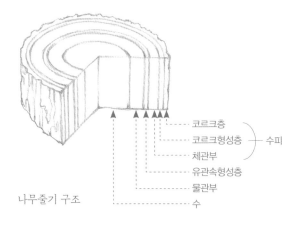

나무줄기 구조

- 코르크층
- 코르크형성층 ─┐ 수피
- 체관부   ─┘
- 유관속형성층
- 물관부
- 수

있습니다. 나무가 수천 년을 버텨낼 수 있게 하는 갑옷, 수피*에 대한 이야기를 시작해보겠습니다.

보릿고개를 겪던 배고픈 시절에는 소나무 껍질을 벗겨 송기죽을 끓여먹었다는 이야기를 들어보셨을 겁니다. 요즘도 소나무 껍질을 이용해 송기떡을 빚기도 하는데요. 우리는 흔히 나무의 겉부분을 '나무껍질'이라고 부르지만, 식물학에서 보면 그렇게 단순하지 않습니다. 그럼 소나무 껍질, 즉 나무의 껍질이라고 불리는 부분은 어디부터 어디까지일까요?

* 樹皮: 나무줄기의 형성층보다 바깥 조직으로 외부 환경에 맞닿아 있음.

식물의 줄기 속에는 뿌리에서 온 물과 양분을 수송하는 물관과 잎에서 생성된 양분을 수송하는 체관이 있습니다. 이들은 줄기 안에 링처럼 둥글게 자리 잡은 형성층의 안쪽과 바깥쪽에 각각 자리합니다. 나무줄기의 안쪽은 물관부가 많은 부분을 차지하고 있는데요. 가장 중심에 있는 수**와 함께 우리가 목재로 이용하는 부분입니다. 형성층 바깥쪽에는 체관부가 있습니다. 그보다 더 바깥쪽에는 코르크형성층과 코르크층이 순서대로 자리하는데 이 부분을 통틀어 나무껍질, 즉 수피라고 부릅니다. 죽이나 떡을 만들어 먹었던 송기는 딱딱한 코르크층과 코르크형성층을 벗겨내면 보이는 안쪽 연한 체관부에 해당합니다. 그래서 송기를 과도하게 채취할 경우, 소나무 고사의 심각한 원인이 되기도 합니다. 나무를 보호해야 할 코르크층이 없어지고 양분을 수송해야 할 체관부가 없어진 나무는 죽음에 이를 수밖에 없습니다.

나무줄기를 만져보면 딱딱합니다. 그런데 이렇게 딱딱하면 나무가 크게 자라는 데 문제가 되지는 않을까요? 덩치가 커지면 당연히 갑옷도 바꿔 입어야 하는데, 이 딱딱한 갑옷을 통째로 갈아

** 髓: 줄기의 내부에 관상으로 배열되어 관다발로 둘러싸인 내관 부분. 방사조직에 의해 겉 껍질층과 연결됨.

입는 건 불가능합니다. 그래서 나무들은 종마다 다른 방식으로 수피를 갈아입습니다. 그 덕에 우리는 다양한 색과 형태로 수피가 벗겨지는 모습을 볼 수 있습니다. 예를 들어 자작나무의 수피는 가로로 얇게 벗겨지고, 굴참나무처럼 세로로 깊게 갈라지는 수피가 있는가 하면, 플라타너스처럼 얼룩무늬 모양으로 떨어지는 수피도 있습니다.

제가 좋아하는 수피를 가진 나무는 백송과 배롱나무입니다. 저는 가끔 창경궁에 산책을 가서 궁 안에서 자라고 있는 거대한 백송을 보고 옵니다. 백송은 그 이름처럼 하얀 줄기에 얼룩얼룩한 무늬가 독특하고 아름다운 나무입니다. 백송과 달리 배롱나무는 아주 매끄럽고 우아한 수피를 가지고 있습니다. 중학교 때 청소년 과학잡지에서 배롱나무 수피를 간질이면 나뭇가지가 흔들린다는 글을 읽고 친구들이 보는 앞에서 배롱나무

향나무 수피

자작나무 수피   느티나무 수피

를 열심히 긁었다가 놀림만 받았었지요. 바람이 흔드는 것인지 정말 간지럼을 타는 것인지 알 수 없었지만 배롱나무 수피를 긁는 친구의 모습이 우스웠을 것 같습니다.

수피의 공통된 특징은 딱딱하고 질긴 재질입니다. 외부의 충격이나 곤충의 침입, 질병을 막고 화재나 수분 손실을 방지해야 하기 때문입니다. 그야말로 나무에게는 외부 환경을 막는 최전선에 해당하죠. 나무줄기의 부피가 생장함에 따라 기존의 코르크층은 떨어지고, 그 아래 코르크형성층에서 새롭게 코르크층이 형성됩니다. 코르크층의 세포들은 죽은 세포들로, 나무의 살아 있는 세포들을 갑옷처럼 보호해줍니다. 이렇게 튼튼한 나무껍질을 인간은 밧줄, 신발, 덮개, 와인 마개, 종이, 지붕 등을 만드는 데 활용하죠.

나무껍질은 물리적으로 튼튼할 뿐만 아니라 화학적으로도 나무를 보호하는 기능이 있습니다. 밀랍이나 수지를 만들어 방수 역할을 하고 탄닌이나 리그닌 등의 화학성분을 만들어서 방부제 역할을 하기도 합니다. 또한 세균과 미생물의 번식을 막아 나무줄기의 분해를 막기도 합니다. 아마존에 사는 '칼뤼코퓔룸 스프루케아눔Calycophyllum spruceanum'이라는 나무가 있습니다. 영어 이름은 '네이키드 트리Naked tree', '벌거벗은 나무'라고도 불리는 식물입니다. 이름처럼 1년에 한두 번 정도 갑옷을 벗듯 껍질을 완전히 벗는데요. 원주민은 벗겨진 껍질을 주워 생활용품도 만들

Litsea japonica 까마귀쪽나무

고, 집을 짓는 자재로도 이용합니다. 또 나무껍질의 화학적인 특성을 이용해 피부염이나 안구 감염에 치료제로도 사용합니다.

우리가 진통제 혹은 해열제로 사용하는 아스피린과 말라리아 치료약인 퀴닌quinine에도 나무껍질에서 유래한 성분이 들어 있습니다. 각각 버드나무속과 키나속Cinchona 나무껍질에서 추출한 성분입니다. 나무가 세균과 미생물, 박테리아로부터 스스로를 보호하기 위해 껍질에서 생산한 다양한 화학물질 덕분에 인간도 보호받고 있는 셈이죠.

우두커니 한자리에서 모든 것을 견디며 5천 년을 살아남은 나무는 많은 환경 변화를 겪었을 겁니다. 홍수, 가뭄, 지진 등 다양한 환경 변화는 물론 바이러스, 세균, 곰팡이 등 외부 침입 또한 끊임없이 있었겠죠. 하지만 나무에게는 이 모든 것을 견딜 수 있도록 해준 단단한 갑옷이 있습니다. 어쩌면 나무에 비하면 한없이 약한 인간인 우리에게는 어떤 갑옷이 있을까요? 또 어떤 갑옷을 준비해야 할까요? 나무를 보며 내가 가진 최고의 갑옷이 무엇일까 생각해보는 시간을 가져봅니다.

살아남은 것의 역사

방가지똥 *Sonchus oleraceus*

우리나라 전역의 들, 밭, 길가에서 자라는 국화과 식물이다. 유럽이 원산지로 우리나라에 들어와 정착한 귀화식물이기도 하다. 우리나라 외에도 전 세계 여러 나라에 널리 퍼진 침략종으로 생태계 교란과 농업 피해를 일으킨다. 봄부터 가을까지 노란색 꽃이 피고 10월에 익은 열매는 바람을 타고 멀리 퍼진다.

분홍색 꽃밭을 이룬 자운영, 어딜 가나 만날 수 있는 토끼풀, 어두운 밤에 꽃을 피워 저절로 이름 부르게 되는 달맞이꽃, 봄날 파란색 꽃이 돋보이는 큰개불알풀, 달걀프라이 같은 작은 꽃들이 만개한 개망초, 이름이 귀여운 방가지똥, 시골 아이들의 간식 까마중, 작은 열매가 다닥다닥 붙은 다닥냉이, 우산살 모양처럼 생겨 우산 만들기 놀이를 할 수 있는 바랭이……

　그런데 이 식물들이 모두 외래종이라는 사실 아시나요? 이 식물들은 중국, 유럽, 아프리카, 북미, 남미, 서아시아같이 멀고 다양한 고향에서 한국까지 찾아와 자리를 잡았습니다.

이런 식물을 귀화식물이라고 합니다. 인간의 손을 타고 원래 살던 곳을 떠나 다른 곳에 정착하여 살게 된 식물을 말합니다. 귀화식물의 긴 여행과 정착,

까마중 열매

Sonchus oleraceus 방가지똥

다닥냉이 열매

현재의 삶은 어떨까 상상해봅니다.

2016년 여름 제가 있는 연구실로 제주도 서귀포에서 새로운 등심붓꽃이 발견되었다는 소식이 전해졌습니다. 등심붓꽃은 우리나라의 풀과 나무를 담은 최초의 식물도감인 《한국식물도감》에 실려 있을 정도로 이미 오래전에 북미에서 제주도로 와 귀화한 식물인데요. 새로 발견된 종은 흰색이나 진한 자주색 꽃이 피는 기존의 등심붓꽃과 달리 연한 라벤더 색의 꽃을 피우고 있었습니다. 또 꽃 아랫부분이 항아리 모양이었고, 잎도, 키도 훨씬 컸습니다. 저와 동료들은 문헌조사와 식물채집을 통해 기존 등심붓꽃과 확연히 다른 점을 발견했고, 연한 꽃색을 반영해 '연등심붓꽃'이라는 이름을 붙였습니다. 저는 연등심붓꽃이 언제, 어디서, 어떻게 제주도로 왔는지 추적했는데요. 1700년대 논문을 뒤지고 다른 나라 연구자들의 도움까지 받아 이 식물이 남미에서 넘어와 한국에 정착했다는 사실을 알게 되었습니다. 남미에서 한

바랭이 열매

국까지, 얼마나 먼 여행이었을까요. 사람이 고향을 떠나와 새로운 곳에 정착하기 쉽지 않은 것처럼 연등심붓꽃 또한 그랬을 겁니다.

한국을 찾아온 모든 식물이 귀화식물이 되는 것은 아닙니다. 야생에 뿌리는 내렸지만, 정착하지 못하고 금세 사라지는 식물도 있습니다. 이런 경우를 '나그네 식물'이라고 합니다. 갑작스럽게 바뀐 환경에 맞게 자신을 변형시키거나 진화시키기에 역부족이었기 때문에 이 식물들은 사라졌습니다. 식물은 스스로 이동하지 못하기 때문에 기후와 토양 등의 환경 조건이 자신에게 맞아야 정착할 수 있습니다. 또한 자신의 꽃가루를 옮겨줄 적당한 수분매개자가 존재해야 계속 번식을 이어나갈 수 있습니다.

연등심붓꽃과 같은 귀화식물 중에는 인간이 이용하기 위해 일부러 옮겨온 경우도 있고, 의도치 않게 인간의 활동과 관련되어 따라온 경우도 있습니다. 인간이 이용하기 위해 옮겨온 외래 식물에는 원예용이나 식용 식물이 있습니다. 처음에는 귀화식물로 분류하지 않지만 이들이 야생화되면 귀화식물로 분류합니다.

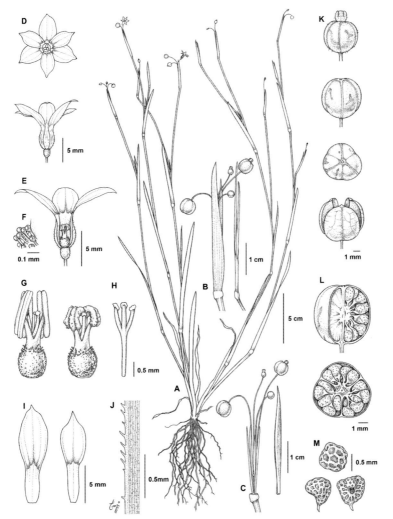

Fig. 4. Illustration of *Sisyrinchium micranthum* Cav. **A.** Flowering individual. **B.** Inflorescence (fruiting). **C.** Inflorescence and inner spathe. **D.** Flowers. **E.** Longitudinal section of a mature flower. **F.** Oil-glandular trichomes on the base of filamental column. **G.** Filamental column. **H.** Style. **I.** Tepals. **J.** Leaf margin. **K.** Fruit capsules. **L.** Longitudinal and latitudinal sections of immature fruit. **M.** Seeds.

연등심붓꽃 발표 논문의 학술도해도

최근 식물채집을 위해 울릉도에 갔습니다. 그런데 10년 전 첫 방문 때에는 흔하게 보지 못했던 노란 꽃들이 해안가나 도롯가에 만발한 것을 보았습니다. 알고 보니 우리가 카레로 먹거나, 차로 마시기 위해 들여온 식물, 회향이었습니다. 회향이 재배지를 벗어나 야생화된 것이죠. 섬유를 만들기 위해 들여왔던 어저귀나 약용으로 들여왔던 독말풀도 재배지를 벗어난 귀화식물입니다. 오리새나 자주개자리처럼 초식동물의 사료나 초지로 공급하기 위해 들여온 잡초들도 야생화되었습니다.

귀화식물 중에는 생존능력이 너무 강해서 분포 지역을 금방 넓히고 심지어 생태계에 심각한 교란을 초래하는 종들도 있는데, 대표적인 것이 서울에서도 흔히 볼 수 있는 서양등골나물입니다. 가을이면 길가며 산속이며 곳곳에서 흰 꽃이 큰 물결을 이루는데요. 이외에도 돼지풀이나 미국쑥부쟁이, 가시박 같은 귀화식물은 대대적인 제거 작업이 필요할 정도로 골치 아픈 존재입니다.

이런 귀화식물의 유입에는 흥미로운 점이 있습니다. 바로 우리 역사의 격랑을 함께해왔다는 것입니다. 국내 저명한 식물분류학자 박수현 선생의 연구에 따르면, 우리나라 귀화식물의 역사는 크게 3기로 나뉩니다. 1기는 개항 이전으로, 이 시기에 들여온 재배식물과 중국, 일본, 북미를 경유해온 야생식물로 구성됩니다. 주변에서 흔히 보는 토끼풀, 달맞이꽃, 자운영, 망초, 소리쟁이 등이 이에 해당합니다. 2기는 태평양전쟁이나 한국전쟁 시기입니다. 이때는 식물 연구가 부족했지만 전쟁은 귀화식물의 이동에 큰 영향을 미쳤습니다. 대표적인 식물에는 돼지풀, 코스모스, 큰달맞이꽃이 있습니다. 3기는 우리나라 경제 발전기인데 교역이 활발해지고, 사람의 이동이 자유로워지면서 식물의 이동도 많아졌기 때문입니다. 미국쑥부쟁이, 단풍잎돼지풀, 서양등골나물, 미국자리공 등이 비교적 최근에 들어온 식물입니다.

식물의 세계에서 강하다는 말은 힘이 세다는 의미가 아니라 자신이 처한 환경에 얼마나 잘 적응하는가를 뜻합니다. 새로운 곳에 정착하는 일은 어쩌면 이동이 가능한 동물이나 인간보다 식물에게 더 절박한 상황일 겁니다. 새로운 환경에 적응하지 못하면 곧 소멸을 의미하니까요. 인간 또한 수많은 변화를 겪고, 새로운 환경에 놓입니다. 두려움이 앞서는 경우도 많습니다. 하지만 새로운 시간을 버텨내고 적응한다면, 오래 기억되는 사람으로 남을 수 있습니다. 사람들의 인식에 자연스럽게 자리 잡은 오래된 귀화식물처럼 말이죠.

그럼에도
독도의
식물

섬기린초 *Sedum takesimense*

울릉도와 독도에서만 자라는 우리나라 고유
종이다. 높이는 50센티미터까지 자라고, 줄
기가 모여 나며 옆으로 벋으며 자란다. 잎과
줄기가 도톰하고 7월에 20~30개의 노란색
꽃이 모여 핀다. 10월에 열매가 갈색으로 익
으면 봉합선을 따라 터지고, 그 안에서 씨앗
이 나온다.

'독도의 생물' 하면 많은 분이 괭이갈매기, 바다제비, 강치 같은 동물을 떠올리실 겁니다. 그렇다면 식물은 어떠신가요? 물론 독도는 여러분도 잘 아시듯, 기후가 변화무쌍하고 흙이 적고 담수도 거의 없어 식물이 살아가기에 그리 녹록한 환경은 아닙니다. 그렇지만 독도에는 식물 60여 종이 저마다의 방식으로 살아가고 있습니다.

　독도는 백두산과 함께 한국인이라면 죽기 전에 꼭 가보고 싶어 하는 우리나라 땅 중 한 곳입니다. 하지만 독도 땅을 밟기란 쉽지 않습니다. 저도 처음 독도를 방문했던 학생 때에는 배 위에서 태극기를 들고 기념사진을 찍는 것으로 만족해야 했습니다. 독도는 1982년 천연기념물로 지정되었고, 이후 해양생물을 보호하기 위해 사람의 출입을 제한하고 있습니다. 가까이에 울릉도가 있지만 그 거리가 꽤 멀어서 그야말로 망망대해에 외로운 섬 하나죠. 기댈 곳 없이 온몸으로 강풍과 파도를 견디다보니, 토양 유실이 심하고 해무까지 자주 발생해 독도의 토양에는 염분이 많습니다. 이런 독특한 섬 생태계는 동식물이 살기에 좋은 환경은 아닌데요. 그럼에도 독도에서 끈질기게 삶을 이어가고 있는 식물들이 있습니다.

저는 2014년 독도 식물 연구원으로 처음 독도의 다양한 식물들을 만났습니다. 울릉도독도연구소와 함께 독도에 사는 식물을 조사하고 그리는 일에 참여한 것입니다. 그때 만난 수많은 독도 식물 중 소개하고 싶은 식물이 있습니다. 육지에서 볼 수 없는, 독도와 울릉도에서만 볼 수 있는 특산식물입니다. 둥글게 무리 지어 큰 꽃다발처럼 꽃이 피는 섬기린초입니다. 학명은 *Sedum takesimense* Nakai. 학명에 다케시마, 즉 일본이 독도를 부르는 이름이 표기되어 있습니다. 일제강점기에 '나카이 Nakai'라는 일본 학자가 울릉도, 독도에서만 자라는 특산식물로 학계에 발표하면서 붙인 이름입니다. 우리의 아픈 역사가 이 작은 식물의 이름에도 스며 있습니다. 섬기린초는 별처럼 생긴 열

섬기린초
열매가 달린 가지

섬기린초 열매   씨앗

매가 톡 터지면 가루처럼 작은 씨앗들이 무수히 퍼져나가 번식합니다. 위에서 보면 마냥 예쁜 꽃다발 같지만, 아래를 보면 줄기와 뿌리가 강인하게 얽혀 자라고 있습니다. 전체적으로 도톰하고 물기가 많아 잘 꺾이는 편이지만 꺾인 자리에서 새로운 뿌리가 나오기 때문에 번식에 유리합니다.

또 육지에서도 볼 수 있지만, 육지와는 다른 모습으로 살아가는 식물도 있습니다. 여름에 독도를 수놓는 술패랭이입니다. 우리가 관상용으로 흔히 심는 패랭이에 비해 가늘고 연한 꽃잎이 특징입니다. 연약해 보이는 꽃 모양과 달리 옆으로 멀리 뻗어나가는 기는줄기를 가졌습니다. 줄기가 줄줄이 뻗어나가다 보니 뿌리가 있는 지점을 찾는 건 쉽지 않습니다. 독도의 열악한 환경을 버텨내는 술패랭이의 생존 비법인 셈입니다.

독도 섬기린초 채집지

Sedum takesimense 섬기린초

독도를 대표하는 동물이 괭이갈매기와 강치라면, 독도를 대표하는 꽃으로 해국을 꼽을 수 있습니다. 해국은 독도 전역에서 볼 수 있고, 가을이면 그 꽃이 독도를 아름답게 수놓습니다. 해국은 국화과의 여러해살이풀로, 주로 바닷가 바위틈에서 자랍니다. 독도의 해국 한 줄기를 떼냈더니, 뿌리가 길게는 1미터까지 달려 올라왔습니다. 바닷바람을 그대로 맞으며 척박한 땅을 뿌리로 힘겹게 붙잡고 견뎌낸 것입니다.

섬기린초 서식처

술패랭이 꽃

사철나무 또한 육지에 있는 종과 같은 종으로 보이지 않을 만큼 모양새가 다릅니다. 독도의 동쪽 섬인 동도의 천장굴 위쪽에서 자라는 이 사철나무는 독도에 자생하는 나무 중 가장 오래되어 천연기념물 제538호로 지정되었습니다. 매우 가파르고 위험한 절벽에서 자라다보니, 이끼처럼 가파른 암벽을 촘촘히 덮는 방식으로 살아가고 있습니다.

사실 처음 울릉도독도연구소에서 식물표본을 받았을 때는 난감했습니다. 성한 잎이 거의 없고 뿌리가 끊어진 경우가 너무 많아서 어떻게 그려야 할지 막막했지요. 그런데 막상 직접 독도에서 식물들을 마주하자, 더 이상 고민할 이유가 없었습니다. 식물들의 잎에 난 상처와 끊어진 뿌리는 독도 식물들이 거친 비바람과 파도를 버텨내며 살아온 증거였기 때문입니다.

이 땅에서 수많은 식물이 각자의 방식으로 시련을 이겨내고 자신의 터전을 일구며 삶을 이어가고 있습니다. 여기서 중요한 점은 시련이 많고, 살기 어려운 곳이라 해도 결국 그 식물에게는 버텨내야 하는 터전이라는 겁니다. 아무리 힘겹고, 어려운 상황이

더라도 이곳이 우리가 살아내야 하는 터전인 것처럼 말이지요. 이런 삶을 곁에서 지켜보는 것만으로도 생명의 숭고함을 느끼곤 합니다.

CHAPTER 3

억센 몽상가들

방향을
돌려
더 가까이

댕댕이덩굴 *Cocculus orbiculatus*

줄기가 3미터까지 자라는 덩굴성 식물로, 숲과 들에서 자
란다. 처음 줄기는 초록색이나 이듬해 회색 혹은 회갈색
으로 변하고 단단해진다. 예부터 단단한 덩굴줄기로 공예
품이나 밧줄을 만들 때 사용했다. 암꽃과 수꽃이 다른 그
루에서 피며 암그루에만 열매를 맺는다. 열매는 검정색
혹은 군청색으로 익고 표면에 흰색 가루가 덮인다.

늦여름이면 마트에서 무화과나무의 열매인 무화과를 사 오곤 합니다. 무화과는 제철에만 맛볼 수 있는 과일이기에, 늦여름에서 가을로 접어들 무렵이면 늘 생각이 나는 친근한 과일이기도 합니다. 그런데 무화과나무 앞에 strangle, 즉 '교살하다' '목을 졸라 죽이다'란 뜻의 단어가 붙어 strangler fig, '교살자무화과나무'라고 불리는 식물이 있습니다. 흔히 열대우림에 사는 여러 종류의 무화과속*Ficus* 식물들을 일컫는데, 이 교살자무화과나무는 우리가 익히 알고 열매를 먹는 무화과나무와 같은 식물 그룹이지만, 삶의 방식은 완전히 다릅니다.

교살자무화과나무는 줄기가 다른 식물을 감고 올라가는 덩굴식물로, 이들은 열대지방의 어마어마하게 큰 나무들을 촘촘히 타고 올라가 꽁꽁 싸매고 결국에는 그 식물의 숨통을 조입니다. 그래서 이들에게 '교살자'라는 별명이 붙은 것이지요. 줄기가 위로 곧게 자랄 수 없어 이웃의 기둥을 의지해 살아가는 덩굴식물의 또 다른 모습입니다.

교살자무화과나무처럼 자신의 줄기를 스스로 꼬아 밧줄처럼 이용하는 덩굴식물을 '전요식물纏繞植物'이라고 합니다. 이들은 중력을 거슬러 햇빛을 향해 곧게 자랄 수 있는 풀이나 나무에 비하면, 중력을 이겨내기에 턱없이 부드럽고 힘이 없는 줄기를 가지고 있습니다. 그래서 튼튼하고 곧게 자라는 식물에 기대어 자신의 줄기를 밧줄처럼 사용해 꼬아 올려 광합성을 할 수 있는 높이까지 올라갑니다.

이런 전요식물을 채집하려면 조금 시간이 걸립니다. 다른 물체를 감고 올라간 줄기를 반대 방향으로 풀어내어 채집을 해야 하기 때문인데요. 여러 전요식물들을 만나다보면 신기한 것을 알 수 있습니다. 중력을 거슬러 올라가는 그들만의 방향성입니다. 댕댕이덩굴, 칡, 나팔꽃, 마는 시계 반대 방향으로, 등나무, 인동, 환삼덩굴, 맥주를 만들 때 들어가는 홉은 시계 방향으로 감고 올라갑니다. 우리가 흔히 이해관계가 달라 서로 불화를 일으키거나 마음속에 갈피를 못 잡는 상태를 '칡 갈葛' 자와 '등나무 등藤' 자를 써서 '갈등'이라고 하는데, 이는 서로 다른 방향으로 감아 올라가는 두 전요식물의 방향성을 보고 만든 단어로, 자연의 이치가 담긴 표현입니다.

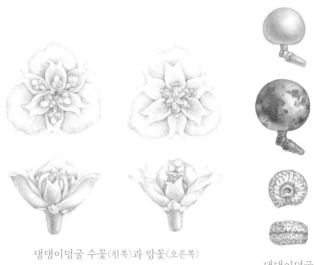

댕댕이덩굴 수꽃(왼쪽)과 암꽃(오른쪽)

댕댕이덩굴
열매와 씨앗

　　이렇게 자신의 줄기를 밧줄로 쓰는 전요식물도 있지만, 손을 만들어 다른 식물이나 물체를 직접 붙잡고 올라가는 적극적인 덩굴식물도 있습니다. '손'이라고 부를 만큼 덩굴손은 동물의 손처럼 적극적인 움직임을 보여줍니다. 이 손은 잎이나 잎의 한 부분, 줄기가 변형된 것으로 덩굴식물만이 가진 특화된 구조입니다. 호박, 콩, 포도나무 같은 식물을 살펴보면 가늘게 뻗어나가 스프링처럼 말린 작은 덩굴손을 발견할 수 있습니다. 휘저으며 뻗어나가다가 손에 잡힌 물체를 돌돌 말아 움켜쥐는 것이죠. 이것은 덩굴식물의

Cocculus orbiculatus 댕댕이덩굴

굴촉성屈觸性 때문입니다.
쉽게 말하면, 덩굴손이 어떤
물체에 접촉하면 접촉면의 바
깥쪽 부분 생장이 빨라집니다. 그래서 물체를
감을 수 있게 되는 것이죠.

호박 덩굴손

하지만 도심 건물에서 살아남는 건 밧줄도, 덩굴손
도 아닙니다. 바로 흡착판을 가진 담쟁이덩굴인데
요. 도심의 건물은 벽면이 반듯하고 매끈해 줄기를 밧줄처럼 쓰
거나 덩굴손이 무언가를 붙잡기에 어려움이 있습니다. 그러나
담쟁이덩굴은 개구리 발가락처럼 생긴 흡착판을 영화〈미션임파
서블〉에서 주인공이 고층빌딩을 오를 때 사용했던 특수장갑같이
이용합니다. 흡착능력이 얼마나 뛰어난지, 한번 담쟁이덩굴이
타고 올라간 벽면에는 덩굴을 뜯어내고 또 뜯어내도 흔적이 남
습니다. 그래서 담쟁이덩굴이 한번 붙었던 벽면은 이 식물의 흔
적을 완전히 제거하기가 어렵습니다.
덩굴식물이 더 높은 곳으로 나아갈 수 있도록 도와주는 것은
줄기뿐만이 아닙니다. 보통 식물의 뿌리는 식물체를 지탱하고
물과 양분을 흡수하기 위해 땅속에 있습니다. 하지만 어떤 뿌리
는 여러 이유로 땅속에 있기를 거부하고 공기 중으로 나와 독특

한 기능을 하는데 이런 뿌리를 기근, 혹은 '공기뿌리'라고 합니다. 높은 나무에 붙어 자라는 난초인 착생란이나 물가에 자라 일부 뿌리가 물 밖으로 솟아오른 낙우송, 맹그로브 나무의 뿌리가 대

담쟁이덩굴
흡착판

표적이죠. 덩굴식물의 경우는 '아이비'라고도 불리는 송악, 줄사철나무, 능소화 같은 종이 공기뿌리를 가집니다. 줄기에서 짧고 촘촘하게 뻗어 나온 공기뿌리가 물체에 붙어 힘없는 줄기를 지탱합니다. 올라갈 물체가 없다면 바닥을 기어서라도 뻗어나가며 줄기를 지지하고 땅속뿌리와 같은 역할도 하는 것이죠.

남들보다 가느다랗고 약한 줄기를 가지고 태어나 중력을 거슬러 곧게 자랄 수 없지만 덩굴식물은 나름의 방식으로 삶을 이어갑니다. 곧게 설 수 없는 줄기의 약점을 부드럽고 유연성 있는 밧줄 같은 줄기, 물체를 붙잡는 덩굴손, 달라붙을 수 있는 흡착판과 공기뿌리로 극복하지요.

햇빛을 향해, 목표를 향해 나아가는 방법은 종마다, 사람마다 다릅니다. 여러분은 어떤 방법으로 부족한 점을 채우고 있으신

지 궁금합니다. 이런 덩굴식물을 보면서 어쩌면 약점이라고 생각한 것들이 새로운 생존방식을 위해 타고난 강점일지도 모른다는 생각이 듭니다.

잎새들의
이유 있는
행진

가는네잎갈퀴 *Galium trifidum*

꼭두서니과에 속하는 여러해살이풀이다. 높이가
40센티미터까지 자라고 줄기가 가늘어 옆으로
누워 자라기도 한다. 줄기에는 아래를 향한 가
시가 있고, 잎이 대체로 네 장씩 돌려난다. 잎
은 타원형으로 그 크기가 고르지 않으며 잎끝
이 둔하고 둥글다. 6~8월에 흰색 꽃이 핀다.

우리 주변에는 다양한 식물이 있고 그만큼 다양한 모양의 잎을 만날 수 있습니다. 여러분이 본 가장 독특한 모양의 잎을 가진 식물은 무엇인가요? 사람마다 다르겠지만, 누가 봐도 '이상하다'라는 말이 절로 나오는 독특한 잎으로 유명한 식물이 있습니다. 마황문Gnetophyta에 속하는 '웰위치아 미라빌리스*Welwitschia mirabilis*'라는 식물입니다. 오스트리아 식물학자인 프리드리히 벨비치Friedrich Welwitsch가 아프리카 남서부에서 처음 발견해, 그의 이름을 따 '웰위치아*Welwitschia*'라는 이름을 갖게 되었지요. 프리드리히는 이 식물을 영국왕립식물원에 보냈고, 이 식물을 기록한 식물학자 조지프 돌턴 후커Joseph Dalton Hooker는 "영국으로 가져온 식물 중 의심의 여지 없이 가장 멋지고 가장 추악한 식물 중 하나"라고 말했습니다.

웰위치아는 원시적인 식물로 웰위치아목, 웰위치아과 내에 유일한 종으로, 소철과 은행나무처럼 살아 있는 화석이라고 불립니다. 독특한 생김새 때문에 겉씨식물인지 혹은 속씨식물인지 오랫동안 계통학적인 위치가 정해지지 않았습니다.

웰위치아는 한번 뿌리를 내리면 1천 년을 넘게 살아도 다른 잎이 나지 않고 오직 처음 만들어낸 두 잎으로만 살아갑니다. 지면에 붙어 자라다보니 잎이 사막의 모래에 무수히 상처를 입고 바람에 나부껴 끝이 상하고 찢어져 너덜너덜한 상태입니다. 하지만 뿌리에 가까운 잎 부분이 아주 느리게 계속 자라납니다.

사람의 몸에 있는 모든 기관은 제각각 기능에 맞는 형태를 가지고 있습니다. 식물도 마찬가지인데요. 주변을 둘러보면 다양한 모양의 잎을 쉽게 만날 수 있습니다. 단풍나무 잎과 같은 손바닥 모양도 있고, 은행나무 잎과 같은 부채 모양, 부추의 잎처럼 길고 좁은 모양 등 다양합니다. 또 벚나무 잎처럼 잎자루 위에 하나의 잎몸이 달린 단엽單葉식물이 있는가 하면, 아까시나무의 잎처럼 작은 잎, 즉 소엽들이 모여 하나의 잎을 이루는 복엽複葉식물도 있습니다.

복엽을 이루는 모양도 등나무나 아까시나무, 가죽나무의 잎같이 작은 잎들이 한 축을 따라 마주 붙는 우상복엽羽狀複葉이 있는가 하면, 으름덩굴이나 미국담쟁이덩굴, 마로니에처럼 손바닥 모

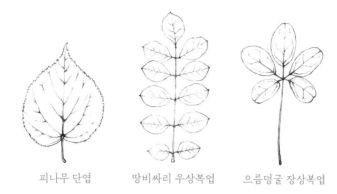

피나무 단엽   땅비싸리 우상복엽   으름덩굴 장상복엽

양으로 작은 잎들이 방사상으로 모여 붙는 장상복엽掌狀複葉도 있습니다. 이런 복엽들이 두 번, 세 번 반복하여 복잡한 형태를 가지는 하나의 잎도 있죠.

이런 잎의 다양한 형태와 개수는 각 식물의 생존을 위해 맞춤옷처럼 재단된 것인데요. 2003년 캘리포니아 대학 UC 데이비스 캠퍼스의 연구진은 식물의 잎을 복엽으로 만드는 유전자를 발견했습니다. 이들이 발견한 두 종류의 유전자인 PHAN와 KNOX를 조작하면 원래 복엽인 토마토 잎을 단엽으로 만들 수 있고, 우상복엽을 장상복엽으로 만들 수도 있습니다. 토마토는 자라나면서 이런 유전자들이 관여하여 단엽보다는 복엽을, 복엽 중에서는 우상복엽을 선택하도록 진화하였을 것입니다. 그런 선택은 아마도 우상복엽의 형태가 토마토 잎이 제 기능을 하기에 가장 적합

가는네잎갈퀴

한 형태이기 때문일 텐데요. 우리 몸
에 있는 모든 기관들이 모두 제각각
의 기능이 있고 기능에 맞는 형
태를 하고 있듯, 식물의 잎이
가진 형태도 모두 이유가 있습
니다.

식물에게 잎은 햇빛을 받아들
여 광합성을 하는 기관입니다. 그렇다
면 내리쬐는 햇빛을 많이 받을 수 있
게 잎이 넓게 펼쳐져 있는 편이 가장
유리하겠죠. 그럼 왜 잎 중에서는 하나의 큰 잎이 아니라 작
은 잎으로 조각조각 나뉘어 있는 복엽이 존재하는지 궁금해집니
다. 하나의 큰 잎이 만들기도 쉽고 햇빛을 받아들일 수 있는 면적
도 넓을 텐데요. 복엽을 선택한 식물들은 그 나름의 이유가 있습

니다. 잎을 작게 나누면 열 방출 효율을 높여 햇빛으로 인해 올라가는 온도를 쉽게 낮출 수 있습니다. 바람과 비에 대한 저항도 줄일 수 있어서 떨어지는 빗물이나 강한 바람에 잎이 덜 다칩니다. 솔잎처럼 거의 면적을 차지하지 않는 가느다란 잎은 추운 겨울 표면적을 줄여 잎이 얼어붙는 것을 방지합니다.

잎을 자세히 살펴보면 가장자리 모양도 다양합니다. 감처럼 가장자리가 매끈한 잎도 있고 떡갈나무 잎처럼 물결 모양, 느릅나무 잎처럼 톱니 모양도 있습니다. 대체로 열대우림의 잎들은 물이 잎을 타고 내려가기 쉽도록 날카로운 형태를 하고 있습니다. 온대와 한대 식물들은 잎 가장자리가 톱니 모양인 나무들이 많습니다. 이런 잎들은 이른 봄 톱니 끝에서 증산작용이 일어나 수분이 빠르게 손실됩니다. 식물체 위쪽에서 일어나는 이런 빠른 수분 손실은 뿌리에서 물을 빨아들이는 원동력이 되어 수액의 흐름을 빠르게 만들고, 봄이면 식물의 빠른 성장을 돕습니다.

식물은 잎을 배열하는 데도 치밀한 계산을 합니다. 광합성에 가장 유리하도록 잎의 크기를 높이에 따라 조정하고, 각 잎이 겹

톱니가 있는
떡잎윤노리나무 잎

치지 않도록 각도와 간격을 조정합니다. 한 개체 내에서 배열뿐만 아니라 옆에 사는 다른 식물과의 상호 경쟁도 고려하여 잎을 배열시킵니다. 잎자루는 하루 동안 잎의 표면이 햇빛을 더 많이 받도록 각도를 조정하기도 하고, 바람이 거센 곳에서는 길어져 바람에 잘 나부끼도록 하여 저항을 줄이기도 합니다.

한 개체 내에서도 필요에 따라 형태가 다른 잎을 동시에 만들어 내기도 하는데요. 우리가 흔히 키우는 몬스테라가 좋은 예입니다. 열대우림에서 자라는 몬스테라*Monstera deliciosa*는 다른 큰 나무를 타고 오르 ... ... 잎과 찢어지지 않은 잎이 있습니다. 위쪽에 달린 잎의 찢어진 구멍 사이로 햇빛이 통과합니다. 그래서 아래쪽 잎에도 햇빛이 도달하고, 구멍 사이로 비와 바람이 통과해 거센 비바람을 효율적으로 피합니다. 아카시아 루비다*Acacia rubida*처럼 아프리카에서 자라는 아카시아 속 식물 중에는 잎자루가 평평해져 잎처럼 보이는 식물들이 있습니다. 이는 건조한 기후에 약한 진짜 잎몸을 만들지 않고 튼튼한 잎자루만 남긴 것인데요. 습도가 올라가고 잎이 나기 좋은 기후가 되면 이 식물들은 잎처럼 보이는 잎자루 끝에 작은 잎들이 촘촘히 달린 복엽을 피워냅니다. 마치 낟잎 끝에 복엽이 달린 것 같은 능한 모습입니다. 하나의 잎몸으로 된 잎끝에 복엽이 또 달린 모습이죠. 혹은 복엽인데 잎자루가 잎처럼 평평해진 모습입니다.

Dendranthema zawadskii var. *lucidum* 울릉국화

울릉국화의 로제트[*]잎과 뿌리

국화과, 십자화과 등에 속하는 여러 식물 중에는 로제트 잎과 줄기의 잎이 다른 형태인 경우가 많습니다. 로제트 잎은 땅 표면에 가까이 붙어 자라 추위를 견디기 쉽고 비바람을 잘 피할 수 있

* rosett: 잎이 땅에 붙어 중앙부에서 방사형으로 배열한 상태.

어 겨울을 나기에 유리합니다. 로제트 잎은 대개 줄기에서 자라
는 잎보다 땅 위에 넓게 펼쳐집니다. 울릉국화처럼 로제트 잎과
줄기의 잎이 갈라지는 정도가 달라 전혀 다른 모양의 잎으로 보
이는 경우도 있지요.

수생식물도 물속과 물 밖에서 다른 형태의 잎을 만들어내는 경
우가 많습니다. 물속에서는 물의 저항을 줄일 수 있는 형태로, 물
밖에서는 광합성에 유리한 형태로 두 종류의 잎을 만드는 것이죠.

식물의 다양한 잎 모양은 저마다 환경에 맞게 진화해온 산물입
니다. 어떤 모양도 이유 없이 만들어지지 않았습니다. 우리의 생
각보다 더 섬세하게 계산된 것입니다. 우리를 둘러싼 아름다운
식물의 다양한 잎을 보며 우리를 둘러싼 모든 것이 존재하는 이
유를 생각해보면 어떨까요?

물을
다스리는
식물

스트로브잣나무 *Pinus strobus*

소나무과에 속하는 북아메리카 원산의 침엽수로 우리나라에는 조림수종, 관상수로 도입되었다. 다섯 개의 바늘잎이 모여 나고 봄에 수꽃과 암꽃이 한그루에서 핀다. 솔방울은 길이 20센티미터, 지름 4센티미터까지 자라며 다소 구부러진 모양으로 밑으로 처져서 달린다. 씨앗에 날개가 있고 다음 해 9월에 익는다.

집 안의 습도를 조절하기 위해 솔방울을 물에 적셔 두기도 합니다. 일종의 천연 가습기인데요. 솔방울은 물을 머금고 있을 때는 비늘 조각이 가지런히 오므려졌다가 수분이 증발하면서 조금씩 벌어집니다. 완전히 벌어지면 다시 물에 담근 뒤 재사용할 수 있습니다. 솔방울 가습기는 습도에 따라 모양이 변하는 솔방울의 특성을 활용한 것입니다.

이런 솔방울의 원리는 2015년 *Journey of water in pine cones* 이라는 논문에 실렸는데요. 이 논문은 한국 학자들이 발표하였고, 제목을 직역하면 '솔방울 속 물의 여행'이라는 뜻입니다. 솔방울에 떨어진 빗물은 비늘 조각을 따라 미끄러져 안으로 들어가고, 내부 섬유조직으로 퍼집니다. 이때 비늘 조각 사이사이 조직 내 작은 구멍에 물이 채워지면서 구조가 변하고, 비늘 조각이 닫히게 됩니다. 솔방울은 오므렸다 폈다 하며 씨앗을 보호합니다.

다양한 모양의 솔방울들

날개가 달린 소나무 씨앗은 비가 오는 날엔 날아가기 힘듭니다. 그러니 소나무 입장에서는 씨앗을 멀리 퍼뜨리지 못하는 비 오는 날에는 씨앗을 날려보내지 않으려 합니다. 그래서 솔방울은 비가 오면 비늘 조각을 오므려서 씨앗이 날아가지 못하도록 붙잡고 있습니다. 솔방울처럼 물이 부족하거나 넘치는 상황을 조절하는 식물의 능력은 의외로 치밀합니다.

2016년 저는 미국 펜실베이니아주에 있는 카네기멜론 대학에서 열리는 식물 그림 전시회에 초대되어 미국으로 갔다가 8년 동안 만나지 못했던 한 친구를 만나러 플로리다 대학을 방문했습니다. 펜실베이니아에서 플로리다까지는 꽤 멀었지만 그렇게 무리하지 않으면 그 친구를 다시 만나기는 힘들 것 같았죠. 그 친구는 제가 석사과정 때 베이징식물원에서 만난 중국인 친구입니다. 우리는 8년 동안 이메일을 주고받았지만 만날 수 있는 기회가 계속 어긋나 한 번도 만나지 못했습니다. 그 친구는 베이징에서 박사를 끝내고 미국 플로리다 대학에서 박사후 연구원으로 공부하고 있었습니다. 덕분에 저는 이 뛰어난 식물학자 친구로부터 플로리다의 식물들을 소개받을 수 있었는데요. 그 친구와 함께 플로리다의 여러 곳을 둘러보다 보니 여기저기에서 눈에 띄는 식물이 있었습니다. '스페인 이끼Spanish moss'라고 불리는 틸란드시아 우스네오이데스*Tillandsia usneoides*입니다. 요즘은 우리나라 꽃집에서도 이 식물을 쉽게 만날 수 있는데요. 이 틸란드시아는 플로리다의 거의 모든 곳을 덮고 있습니다. 축 늘어져 바람이 불면 흔들거리고 희뿌연 색깔 때문에 으스스한 분위기를 연출합니다. 그래서 플로리다 사람들은 "플로리다는 항상 할로윈"이라고도 얘기합니다. 이 틸란드시아는 나무에 붙어 자라며 공기와 빗물에서 얻은 아주 소량의 물로도 생존할 수 있는 독특한 식물입니다.

틸란드시아보다 물이 부족한 상황을 더 잘 견디는 식물이 있습니다. '바위손'이라는 식물로 등산로에서도 쉽게 만날 수 있습니다. 등산을 즐기는 사람이라면 암벽에 붙어 자라는 바위손을 한 번쯤 보셨을 겁니다. 바위손의 모습은 때에 따라 매우 달라집니다. 건조한 기후가 계속되는 날에는 꼭 시들어 죽은 듯 보입니다. 바스락거릴 정도로 말라 돌돌 말려 있습니다. 그런데 비가 오면 언제 그랬냐는 듯이 갑자기 초록색 잎을 펼치고 바위를 푸르게 장식합니다.

해외에도 이와 비슷한 식물이 있는데요. '부활초'라고 불리는 셀라지넬라 레피도필라*Selaginella lepidophylla*입니다. 이 식물은 사막 환경에 적응해서 몇 년 동안이나 물 없이 살 수 있습니다. 심지어 95퍼센트의 수분을 잃어도 생존할 수 있습니다. 이는 식물

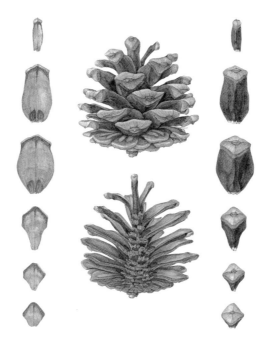

소나무 솔방울과 비늘조각들

대만삼나무

체내에서 세포 손상이 일어나는 것을 막는 화학적 성분 변화가 일어나서 가능한 일입니다. 그뿐만 아니라 수분을 잃으면 잎을 돌돌 말아서 지나친 열과 빛으로부터 자신을 보호하고 생존 기간을 늘립니다. 그러다 습도가 올라가면 잎이 빠른 속도로 꽃잎처럼 펼쳐지면서 광합성 능력을 회복하게 됩니다. 만약 물이 부족한 상태가 지나치게 오래 지속되면 부활초는 뿌리를 스스로 끊어내고 바람에 몸을 맡겨 사는 곳을 이동합니다. 이름처럼 새로운 삶을 시작하는 것이죠. 더 놀라운 건 조각나 잘린 죽은 잎도 수분이 닿으면 마치 새롭게 부활하듯 잎을 펼친다는 것입니다. 죽은 조직이지만 잎을 펼치거나 돌돌 마는 능력을 유지하고 있는 것이죠. 이는 나무에서 떨어져 나온 솔방울이 습도에 따라 모습이 변하는 것과 비슷한 원리입니다.

부활초처럼 물이 부족하면 버티는 식물도 있지만 대비할 줄 아는 식물도 있습니다. 선인장처럼 자신의 몸을 통통하게 만들어 물을 저장하는 식물이 있는가 하면, 물이 있을 때 잘 모아둘 수 있는 구조를 가진 식물도 있습니다. 파인애플과 네오레겔리아속*Neoregelia* 식물이 한 예입니다. 민들레나 질경이처럼 잎들이 로제트 형태로 생겼습니다. 하지만 네오레겔리아속 식물들은 민들레나 질경이와 달리 잎들이 다닥다닥 붙은 중간에 물이 고일 수 있도록 컵 모양으로 되어 있는데 아주 작은 연못처럼 보이기도 합니다. 비가 오거나 습기가 많을 때 이곳에 물을 담아 저장하고, 이 물을 생존을 위해 사용합니다. 네오레겔리아속 식물은 로제트 형태의 잎 중간에서 꽃대를 올리는 민들레처럼 모여 있는 잎 중간에 위치한 이 연못에서 꽃을 피웁니다. 고인 물 덕분에 온도가 일정하게 유지되어 꽃이 피기 좋은 환경이 됩니다. 또 이 잎 중간 연못에 동물의 배설물이나 썩은 식물 조각이 떨어지면 영양분으로 흡수되기도 합니다. 이런 경우 일반적인 식물이라면 지나친 습기와 세균, 곰팡이로 인해 식물체가 썩을 수 있지만 네오레겔리아의 잎들은 물이나 배설물 등이 고여 있어도 썩지 않습니다. 남미의 울창한 숲, 그것도 높은 나무에 착생하여 자라는 네오레겔리아는 영양분과 물을 뿌리로 흡수하기 힘듭니다. 이런 어려움을 연못을 만들어 극복하고 있는 셈입니다. 더 재미있는 건 네오레겔리아의 연못에 사는 개구리도 있다는 겁니다. 높은 나무 위에 착생하여 사는 네오레겔리아 덕분에 개구리도 고층 연못에 살며 포식자로부터 자신을 보호하고 번식할 수 있습니다. 개구리와 올챙이의 배설물은 다시 네오레겔리아의 영양분이 됩니다.

식물이라고 해서 물을 무조건 받아들이는 것은 아닙니다. 식물은 물에 살면서 물을 방어하기도 합니다. 연잎이 대표적입니다.

연은 '연잎효과lotus effect'라는 방법으로 물을 튕겨냅니다. 물방울이 잎에 닿으면 또르르 굴러떨어져 잎이 물에 전혀 젖지 않습니다. 이는 단순히 잎의 왁스층 때문은 아닙니다. 물에는 표면장력이 있어 물방울이 물체에 닿으면 접착력으로 작용하고, 이로 인해 물체의 표면이 젖습니다. 연잎과 같은 잎은 왁스층뿐만 아니라, 잎 표면에 물의 접착력을 약화시키고 물을 밀어내는 미세 구조를 가지고 있습니다.

연잎은 왜 물을 튕겨내고 표면을 항상 깨끗하게 유지하는 걸까요? 잎은 광합성을 하는 조직입니다. 그래서 잎의 역할 중에서 햇빛을 잘 받아들이는 것이 가장 중요합니다. 아무리 식물에게 물이 필수라지만, 때로는 물과 진흙이 잎을 상하게 할 수도 있습니다. 이를 막기 위해 연잎은 뿌리와 달리 물을 방어하는 것이죠. 이런 연잎의 세정력과 발수력은 인류에게도 많은 영감을 주었고, 유리나 섬유의 코팅제 등 다양한 제품에 활용하고 있습니다.

저는 물을 대하는 식물의 모습을 보며 생각해봅니다. 내게 꼭 필요한 것이 늘 풍족할 수는 없다고요. 때론 부족한 것을 잘 활용하면 장점이 되기도 하고, 넘치는 것이 때론 부족함만 못 하기도 합니다. 부족하다면 채워질 때까지, 때가 올 때까지 현명한 방법으로 대처하며 기다려야 하겠죠. 또 넘치게 있다면 그 또한 지혜롭게 저장하고 조절할 줄 알아야겠습니다. 자연의 섭리 속에 살아가는 인간도 예외는 아닐 것입니다.

식물
맹수들

참나무겨우살이 *Taxillus yadoriki*

다른 식물의 가지에 붙어 기생하는 늘 푸른 작은 나무이다. 우리나라에서
는 제주도에서만 자라며 서식처가 좁고 개체수가 적다. 잎 앞면은 털이 없
고 광택이 있으며 뒷면과 새 가지에는 붉은빛이 도는 갈색 털이 빽빽하다.
10월에 적갈색에 약간 굽은 모양의 꽃이 핀다. 겨울이 지나면 열매가 익
는데 과육이 매우 끈적하며, 새들에 의해 씨앗이 퍼져 나간다.

냄새를 맡는 식물이 있습니다. 한해살이 덩굴성 식물인 미국실새삼에 관한 이야기인데요. 미국실새삼은 다른 식물을 감고, 빨판 같은 흡착 뿌리를 내리는 기생식물입니다. 그런데 미국실새삼이 기생할 식물을 찾는 방법이 흥미롭습니다. 2006년 미국 펜실베이니아 주립대학 연구팀은 미국실새삼이 주로 기생하는 토마토와 미국실새삼을 함께 놓고 관찰했습니다. 미국실새삼의 새싹은 노란색의 가느다란 실같이 생겨 사방으로 원을 그리고 돌면서 탐색을 합니다. 그러다 숙주인 토마토 줄기에 닿으면 뻗어 나아가며 감는데, 이 과정에서 연구진은 미국실새삼이 토마토 줄기의 냄새를 맡고 숙주를 찾는다는 것을 알게 되었습니다. 냄새를 차단한 토마토는 찾지 못했지만 냄새를 차단하지 않은 토마토에는 다가갔기 때문입니다. 식물의 동물성을 엿볼 수 있는 지점인데요. 이런 동물성을 가진 식물이 미국실새삼뿐만은 아닙니다.

미국실새삼 꽃,
열매, 씨앗, 싹

Cuscuta pentagona
미국실새삼

미국실새삼 흡기

노란 줄기 끝에 자주색 꽃 하나가 피는 담뱃대 모양의 식물이 있습니다. '아이기네티아 인디카*Aeginetia indica*'라는 학명의 '야고'라는 식물입니다. 그 모습 때문에 '담뱃대겨우살이'라는 별명도 갖고 있습니다. 야고는 억새 종류에 기생하는 식물입니다. 억새 뿌리에 자신의 뿌리를 연결해 억새의 영양분과 수분을 훔칩니다. 우리나라 남부 지역에서 자라고, 숙주식물인 억새가 있어야만 살 수 있어 쉽게 만날 수 있는 식물은 아니지요.

저는 자주색 꽃이 피는 이 매력적인 식물을 그리고 싶어서 식물채집 때마다 억새 주변을 유심히 살펴보곤 했습니다. 광합성을 할 필요가 없는 기생식물은 잎도 없고, 꽃만 피었다가 금방 져버리기 때문에 찾기가 쉽지 않습니다. 그런데 그런 야고를 많이 만날 수 있는 곳이 서울에 있다는 사실을 우연히 알게 되었습니다. 바로 하늘공원입니다. 억새밭이 넓게 조성된 이곳에는 가을마다 억새만큼 많은 야고 꽃이 피어납니다. 서울시에서 하늘공원을 조성할 때 남쪽에서 억새를 가져오면서 억새 뿌리에 기생하던 야고가 덩달아 서울로 오게 된 것이지요. 스스로 광합성을 하지 않고 다른 이의 에너지를 훔치는 동물 같은 특성 때문에 예기치 못한 야고의 서울살이가 시작되었습니다.

　미국실새삼이나 야고처럼 잎이 없고 식물체 전체에 푸른빛이 없는 식물들은 대개 광합성을 하지 않습니다. 모든 양분을 숙주에게 전적으로 의존하기 때문에 '전기생식물'이라고 부릅니다. 물론 푸른빛을 띠는 기생식물도 있는데요. 한겨울에도 앙상한 나뭇가지 끝에 푸르게 붙어 있는 겨우살이입니다. 저는 겨우살이 종류를 그려본 적이 있는데요. 미국 여성 과학자의 에세이인 《랩걸》의 한국판 표지로 사용되기도 했습니다. 그 그림 속 주인공이 바로 겨우살이 종류인 참나무겨우살이입니다. 참나무겨우살이는 제주도 서귀포에서만 만날 수 있는 기생식물입니다. 겨우살이, 참나무겨우살이, 동백나무겨우살이처럼 푸른색 잎을 가진 기생식물은 광합성 능력이 있습니다. 광합성을 하면서도 다른 식물의 영양분을 빼앗아 살아가는 식물을 '반기생식물'이라고 합니다. 이들은 광합성이라는 식물의 특성과 다른 생물에게서 양분을

야고

얻는 동물적 특성을 함
께 가진 식물들이죠.

기생식물은 '흡기吸氣'라고 불
리는 흡착판 같은 특별한 뿌리를 가지고 있
습니다. 이는 숙주식물의 표면에 붙어 체관, 혹
은 물관까지 침투하여 물과 영양분을 훔칩니다. 숙주에 침투하는
부분은 기생식물 종에 따라 다른데 주로 숙주의 뿌리나 줄기에
침투합니다. 그리고 전기생식물이냐, 반기생식물이냐에 따라 침
투하는 깊이도 다릅니다. 전기생식물은 숙주의 물관과 체관에 모
두 침투해서 잎에서 만들어진 에너지와 뿌리로부터 오는 물, 미
네랄까지 모두 훔쳐가죠. 하지만 반기생식물은 광합성 능력이 있
는 만큼 물관에만 침투합니다. 물과 미네랄은 훔치지만 잎에서
생긴 영양분은 훔치지 않거나 아주 조금만 훔칩니다.

이들과 다르게 또 다른 방법으로 영양분을 얻는 식물들이 있는데요. 균류인 버섯처럼 썩은 생물체에서 양분을 섭취하는 방식으로 에너지를 얻는 식물입니다. 이들을 '부생식물'이라고 합니다. 우리나라에는 수정난풀이나 구상난풀이 대표적인데 그늘진 곳에서 하얗고 투명하게 솟아오른 모습이 꼭 버섯 같아 보입니다. 버섯이라고 생각해 지나치기 쉽지만 사실은 식물이지요.

까마귀쪽나무 줄기에
붙어 사는 참나무겨우살이

'식물'하면 남을 해치지 않고 스스로 에너지를 만드는 평화로운 생물이라고 생각하실 수 있습니다. 하지만 기생식물을 보다보면 식물이 가진 동물성에 대해 생각하게 됩니다. 식물의 진화가 식물의 본성을 뛰어넘을 정도까지 가능하다는 것인데요. 식물의 본성인 광합성 능력까지도 버릴 수 있게 진화해온 것이지요. 식물성에서 동물성으로, 혹은 식물성과 동물성을 모두 가지거나 버섯 같은 균류의 생존방식까지 받아들일 정도로 말입니다. 어쩌면 지구상의 수많은 식물은 우리 인간이 생각하는 이상으로 자신의 길을 스스로 개척하며 진화해왔고, 진화하고 있는 것은 아닌가 싶습니다.

세 개의
씨앗은
어디로

참식나무 *Neolitsea sericea*

우리나라 남부 따뜻한 지역에서 자라는 녹나무
과 식물이다. 어린잎은 황갈색 털이 많으나 자
라면서 털이 없어진다. 10~11월에 암꽃과 수꽃
이 다른 그루에서 피는데, 암꽃에는 한 개의 암
술이 있고, 수꽃에는 여덟 개의 수술이 있는 형
태이다. 다음 해에 암그루에서 빨갛고 둥근 열
매가 열린다.

봄날 과수원은 매화, 복사꽃, 배꽃, 사과꽃, 앵두꽃이 만발해 아름답습니다. 농경지인지 꽃놀이를 하는 곳인지 헷갈릴 정도이지요. 가을 과수원에서는 농부들이 잘 익은 열매를 수확합니다. 그런데 봄날 꽃들이 만발한 과수원에서 농부들이 무언가를 열심히 따고 있는 것을 볼 수 있습니다. 꽃이 피기 전에 몇 개의 꽃봉오리만 남겨두고 꽃봉오리 대부분을 솎아내는 과정입니다. 이것은 남아 있는 몇 개의 꽃에 에너지를 집중하여 크고 좋은 열매를 확실하게 맺을 수 있도록 하기 위해서입니다.

인간이 나무의 선택과 집중을 돕는 셈인데요. 식물의 세계에서는 생존을 위해 이보다 견고한 선택과 집중이 이루어지고 있습니다.

살구 열매

식물분류학자 조성현 박사는 환경부의 미얀마 식물 조사 프로젝트를 진행하던 중 새로운 종인 시서스 에렉타*Cissus erecta*를 발견하여 2016년 학계에 보고하였습니다. 저는 논문에 들어갈 이 식물의 학술도해도를 제작하게 되었습니다. 2015년 여름에 꽃이 있는 식물체를 전달받아 꽃을 관찰하여 그리고 기록했습니다. 가을에 조 박사는 다시 미얀마를 방문해 열매를 채집하여 가져다주었습니다. 그런데 이해가 되지 않는 게 있었습니다. 여름에 그린 꽃에서는 씨앗으로 자랄 밑씨가 분명히 네 개였는데, 다 성숙한 열매는 커다란 씨앗 하나가 중앙에 정확히 자리 잡고 있었기 때문이죠.

꽃이 너무 작거나 밑씨가 든 자방*의 구조가 복잡할 경우, 성숙한 열매 속에 있는 씨앗을 통해 꽃과 자방의 구조를 역으로 예측하기도 하는데요. 시서스 에렉타의 꽃에서는 네 개의 밑씨가 뚜렷하게 보였는데, 열매를 보니 세 개의 씨앗이 흔적도 없이 사라진 것입니다. 대부분의 식물에서는 밑씨가 완전한 씨앗으로 성숙하지 못했을 경우 그 흔적이 남는데 시서스 에렉타의 열매에서는 나머지 세 개 씨앗의 흔적을 찾을 수 없었죠. 그 이유는 꽃에

＊　子房: 씨방을 이름. 속씨식물의 암술대 밑에 붙은 통통한 주머니 모양의 부분. 속에 밑씨가 들어 있음.

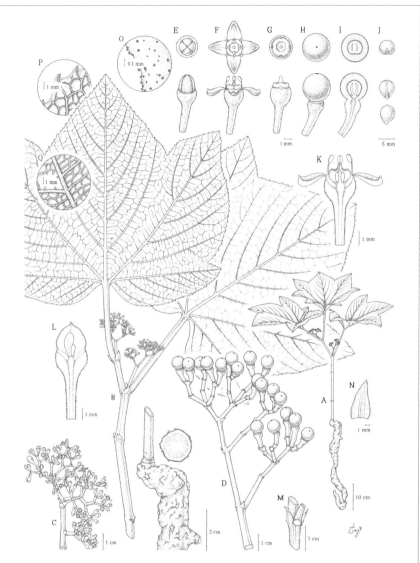

FIGURE 1. *Cissus erecta* S.H. Cho & Y.D. Kim. A–B. Flowering individual. C. Inflorescence (flowering). D. Inflorescence (fruiting). E–G. Flower. E. Flower bud. F. Mature flower. G. Disk and stigma. H–I. Mature fruit. J. Seeds. K. Mature flower (longitudinal section). L. Immature fruit (longitudinal section). M. Stem node with a pair of stipules. N. Stipule. O. Pedicel (muriculate, at flowering time). P. Leaf margin. Q. Leaf (lower surface).

시서스 에렉타 발표 논문의 학술도해도

서 열매로 변해가는 과정에 있던 중간 단계의 작은 열매를 통해 확인할 수 있었습니다. 작은 열매를 반으로 갈라보니, 네 개의 밑씨 중 정확히 하나만 솟아올라 씨앗으로 성숙해가고 있었습니다. 꽃의 자방에 여러 개의 밑씨를 가진 열매는 대부분 영양분이나 환경 조건에 따라 성숙한 씨앗과 성숙하지 못한 씨앗을 불규칙한 수로 가지고 있습니다. 그에 반해 시서스 에렉타는 나머지 세 개의 밑씨들을 완전하게 흡수하고 딱 한 개의 씨앗만 남겼습니다. 이는 가장 튼튼하게 잘 자라날 한 개의 밑씨에만 영양분을 집중해 확실하고 건강한 자손을 만들기 위한 것입니다. 견고하게 선택하고 집중한 시서스 에렉타의 설계였던 셈입니다.

저는 어릴 때 매일 혼자 산책하던 강가에서 처음 보는 빨간 꽃을 발견하곤, 그 꽃을 꺾어 집으로 가져왔습니다. 당시에는 몰랐지만, 그 식물은 유럽 원산인 외래종 붉은토끼풀로 외래종들이 종종 그렇듯 강물을 타고 씨앗이 옮겨온 것 같았습니다. 꽃이 예쁘고 향기로워 꽃병에 꽂아 두었는데 우리나라 땅에 잘 적응한 귀화식물답게 생존능력이 뛰어나 금세 뿌리를 내렸습니다. 그래서 화분에 옮겨 심었더니 푸른 잎사귀가 화분을 뒤덮었습니다. 저는 언젠가 다시 붉은 꽃들이 만발하리라 기대하며 계속 물을 주었는데요. 그 식물은 키우는 1년 동안 베란다에서 한 번도 꽃을 피우지 않았습니다. 결국 애지중지 베란다를 가꾸신 어머니가 왜 꽃도 안 피는 잡초를 가져와서 계속 키우냐고 못마땅해하셨지요.

나중에 알게 되었지만, 붉은토끼풀 나름의 이유가 있었습니다. 식물은 환경 조건에 따라 영양생장**과 생식생장***을 선택합니다. 붉은토끼풀은 경쟁자가 없는 환경에서 심지어 꼬박꼬박 잘 관리해주기까지 하니, 번식을 위해 꽃을 피울 필요가 없었던 겁니다. 대신 자신의 몸을 키우는 영양생장에 집중한 것이지요.

이와 비슷한 경우를 난초에서도 볼 수 있습니다. 혹시 10년 동안 난초를 키웠는데, 꽃 피우는 것을 보지 못했다는 분들이 있으신가요? 그런 경우 대개 난초가 영양생장 조건이 너무 좋아서 생식생장을 굳이 선택하지 않은 결과일 수 있습니다. 반대로 도롯가에 상처 입고 부실한 소나무들은 솔방울을 힘겨울 정도로 많이 맺습니다. 이 경우는 소나무가 자신이 죽을 위기에 처한 것을 알고 자손을 많이 남기려는 생식생장을 선택한 결과이죠.

또 이런 경우도 있습니다. 우리가 일반적으로 생각하는 동물은 암수가 따로 있지만, 식물은 암술과 수술을 모두 가진 양성화와

** 營養生長: 잎, 줄기, 뿌리 따위의 영양 기관이 자라는 현상.
*** 生殖生長: 유성 생식을 하는 식물의 꽃, 과실, 종자 등의 생식 기관을 분화시켜 새로운 개체를 생산하는 현상.

참식나무의 암꽃(왼쪽)과 수꽃(오른쪽)

암술만 가진 암꽃, 수술만 가진 수꽃이 구별되는 단성화가 있습니다. 양성화와 단성화는 모두 장단점이 있어서 식물은 종에 따라, 환경에 따라 자신에게 유리한 선택을 합니다. 이 과정에는 단순히 양성 혹은 단성을 선택하는 것 이상으로 복잡한 메커니즘이 있습니다. 산수유나 후박나무는 양성화만 있습니다. 상수리나무, 소나무는 수꽃과 암꽃을 한 그루 내에 같이 가집니다. 생강나무와 은행나무, 참식나무는 수꽃과 암꽃이 다른 그루로 따로 자랍니다. 더 나아가 어떤 종은 양성화와 수꽃을 가지고 암꽃은 없는 경우도 있죠. 양성화와 암꽃만 있고 수꽃이 없는 경우도 있습니다. 여기에 환경 조건도 영향을 미칩니다. 한 식물 개체 내에서도 꽃이 피는 높이나 햇빛의 양, 주변 개체에 따라 양성화, 암꽃, 수꽃의 배치를 다르게 하기도 합니다. 양성화는 자신의 꽃가루가 자신의 암술머리에 붙어 자가수분하면 유전적 다양성이 낮은 씨앗을 만들기 쉽습니다. 혹은 같은 유전자를 인지하고 수정이 되지 않더라도 다른 개체의 꽃가루가 붙는 것을 방해받을 수도 있죠. 단성화의 경우는 자가수분을 막기에는 좋지만 가까운 곳에 이성의 꽃이 없을 경우 씨앗을 만드는 데 실패할 수도 있습니다. 이처럼 식물은 자신의 생태적 특성, 꽃의 구조, 환경 조건 등을 고려해 꽃의 성을 선택하고 진화해왔습니다.

식물은 생존을 위해 많은 선택을 하지만, 스스로 살고 싶은 터전을 정할 수도, 가고 싶은 곳으로 갈 수도 없습니다. 그러니 '선택'이라는 표현이 어울리지 않을 수도 있습니다. 하지만 식물의 선택은 어쩌면 그래서 더 생존을 위해 대범하고, 명확하게 이루어지는지도 모릅니다. 움직일 수 있는 동물처럼 환경 변화에 재빨리 대처하여 피하거나 이동하여 다른

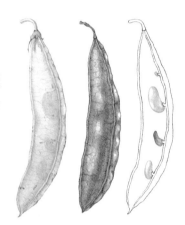

성숙한 씨앗과 성숙하지 못한
씨앗을 가진 솔비나무 열매

선택을 할 수 없기 때문입니다. 오늘도 많은 선택 앞에 선 여러분이 식물이 보여준 선택과 집중에서 삶을 견고하게 만드는 지혜를 얻으시면 좋겠습니다.

우아한
독기

한라투구꽃 *Aconitum quelpaertense*

제주도 한라산 해발 5백~1천4백 미터 숲에서
자라는 미나리아재비과 투구꽃속 여러해살이
풀이다. 줄기가 곧게 서고 높이가 1미터까지
자라며 뿌리에는 독성이 있다. 가을에 꽃이
피며 다섯 개의 꽃받침이 꽃잎처럼 보이며 투
구 형태를 이룬다. 열매가 익으면 한 개의 봉
합선을 따라 벌어지고 씨앗이 나온다.

2011년 개인전을 열었을 때 한 통의 전화를 받았습니다. 처음 이야기를 나눌 때는 전시회를 잘 보았다고 인사차 주신 전화라고 생각했습니다. 그런데 전화를 건 분이 본인을 동대문경찰서 강력계 형사라고 소개하자, 저는 잘못한 것도 없는데 순간 몹시 긴장했습니다. 평생 경찰서 근처에 가본 적도 없으니 강력계 형사는 제게 다른 세상 사람이었습니다. 게다가 그분은 마약수사팀에 있다고 본인을 소개하였습니다. 제 전시회에서 식물 그림을 보았는데 혹시 양귀비꽃을 그려줄 수 없는지 물었습니다. 진짜 양귀비와 관상용으로 심는 꽃양귀비나 개양귀비를 구별할 수 있도록 그려서 정확한 지침서를 만들고 싶다고 하셨죠. 동료 경찰이나 마약수사를 시작하는 후배 경찰들에게 도움이 될 것 같다고요.

이야기를 들어보니 정말 좋은 일이라고 생각되어서 관심이 생겼습니다. 그런데 그분이 양귀비는 경찰서 밖으로 반출이 되지

Aconitum quelpaertense 한라투구꽃

않으니 그리는 내내 경찰서 안에 있어야 한다고 하시더군요!

양귀비처럼 인간에게 해가 되는 물질을 가진 풀을 독초라고 합니다. 쉽게 만날 수 없는 양귀비는 비교적 독성이 약한 식물이지만 우리나라 전역에서 맹독성 식물을 생각보다 쉽게 만날 수 있습니다. 식물채집을 다니다보면 안전하게 산에 오르는 것도 중요하지만, 채집할 때 조심해야 할 식물들도 잘 알고 있어야 합니다. 도감이나 논문을 통해 독성을 알게 된 경우도 있지만, 그보다는 선배 연구자를 따라다니며 알게 되는 경우가 많지요. 상처에 독이 들어가거나 독초를 만진 손으로 눈을 비비면 산속에서 생각지도 못한 위험에 처할 수 있습니다.

영화 〈각시투구꽃의 비밀〉에도 등장했지만, 투구꽃 종류들은 대표적인 맹독성 식물입니다. 조금만 먹어도 혈압이 떨어지고 사망에 이를 수 있습니다. 이런 투구꽃 종류는 우리나라 전역에서 자라며, 늦여름과 가을에는 꺾어두고 싶은 마음이 들 정도로 우아한 꽃을 피웁니다. 아름다운 만큼 치명적인 식물이죠.

우리나라 남쪽 지방에서는 분홍색 꽃을 보기 위해

협죽도라는 식물을 흔히 심습니다. 이 식물은 아프리카와 지중해부터 아시아에 이르기까지 야생에서 널리 자랍니다. 가로수는 물론이고 가정집 정원에서도 쉽게 만날 수 있습니다. 우리나라 북쪽 지방에서는 협죽도가 자라기에 기온이 낮아 베란다에서 많이 키웁니다. 저희 어머니도 10년 넘게 이 협죽도를 키웠지만 독성 식물이라는 사실을 모르셨습니다. 남쪽에서는 협죽도 가지를 잘라 젓가락으로 사용한 사람이 죽었다는 소문이 퍼지면서 그 위험성이 대중에게도 조금씩 알려지기 시작했습니다. 실제 통영이나 제주도에서는 가로수로 심었던 많은 협죽도를 다시 다 베어내기도 했습니다.

우리나라 산속에서 쉽게 만날 수 있는 대표적인 독초는 천남성입니다. 예전에 사약을 만들 때 투구꽃과 함께 천남성을 사용했습니다. 가을이면 다닥다닥 붙어 열리는 붉은 열매와 그 아래 튼튼하고 굵은 뿌리를 보고 인삼으로 착각하여 중독사고가 발생하곤 합니다. 천남성을 먹으면 마비증세와 언어장애를 일으킵니다. 천남성의 푸르고 깨끗한 잎 때문에 가벼운 사고들이 발생하기도 합니다. 천남성은 독성이 강해 벌레들이 잘 먹지 않기 때문에 가시나 털을 만들 필요가 없어 크고 넓은 잎을 마음껏 펼치며 삽니다. 등산객들이 주변 나뭇잎을 뜯어서 사용하고자 할 때 무릎 높이로 자라난 잎들은 쉽게 눈에 띄지요. 그래서 그 잎을 뜯어다가 음식 아래에 받치거나 급한 볼일을 본 뒤 사용한다거나 해서 심각하진 않아도 작은 사고들이 일어나기도 합니다.

그렇다면 독성 식물에게는 그들을 쉽게 구별할 수 있는 특징이 있을까요? 정답은 '아니요'입니다. 버섯의 경우도 마찬가지입니다. 독초, 독버섯이라고 모습이나 색깔이 화려하다, 벌레가 꼬이지 않는다 같은 말이 있지만 사실 과학적으로 전혀 근거가 없습니다. 식물은 곤충이나 동물로부터 자신을 방어하기 위해, 또는 경쟁 식물들의 성장을 저해하기 위해 독을 가집니다. 다른 생물에게 영향을 주기 위해 식물이 이런 생화학물질을 만들고 사용하는 것을 타감작용*이라고 합니다. 식물의 독은 식물의 성장, 발달, 번식에 필수요소는 아닙니다. 그래서 자신을 방어하기 위한 비장의 무기 정도로 생각할 수 있지요.

저는 식물을 공부하며 이렇게 비장의 무기를 가진 식물들이 참 매력적이라고 생각했습니다. 그래서 언젠가 저의 정원을 가지게 된다면 독초들만 모아서 정원을 만들어야겠다는 생각도 했습니다. 실제 2015년 스코틀랜드 정원 박람회에서 어떤 가드너가 제안한

---

* 他感作用: 식물에서 일정한 화학물질이 생성되어 다른 식물의 생존을 막거나 성장을 저해하는 작용.

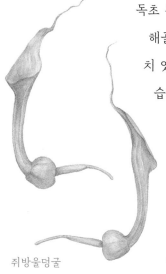

독초 정원을 본 적이 있는데요. 입구부터 해골 표시와 경고 문구를 달아놓아 재치 있으면서도 으스스한 분위기를 풍겼습니다. 한편으로는 자신만의 무기를 가진 식물들이 모여 있다는 생각에 비장함까지 느꼈습니다.

식물의 독을 조사하다가, 식물의 독성 물질을 약간 정제하고 양을 조절하여 대부분 약으로 사용하고 있다는 사실을 알게 되었습니다. '식물의 독'이라고 부르는 것이 인간에게는 해가 되지만 다른 동물이나 식물에게는 해가 되지 않거나 오히려 도움이 되는 경우도 많습니다. 꼬리명주나비가 쥐방울덩굴을 먹고 자라 몸속에 쥐방울덩굴의 독성을 축적하고, 그 독 덕분에 천적으로부터 자신을 보호할 수 있는 것처럼 말입니다.

쥐방울덩굴

식물의 독성을 독이라고 단순하게 명명하기는 어렵습니다. 식물에게는 독이 자신을 방어하기 위해, 때로는 상대를 공격하기 위해, 때로는 공생을 위해 꺼내는 비장의 무기, 비장의 카드이기 때문이죠. '독을 품다'가 무서운 말 같지만 우리도 식물처럼 '독',

자신만의 무기 하나쯤 품고 살 필요가 있지 않을까요. 복잡다단한 세상을 헤쳐나가려면 말입니다.

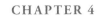

CHAPTER 4

함께 모여
하늘을 향해

어울림을
향하여

도토리 (참나무속에 속하는 나무의 열매를 총칭함)

참나무과에 속하는 여러 나무 종의 열매를 말
한다. 떡갈나무, 신갈나무, 졸참나무, 가시나
무, 붉가시나무 등이 도토리를 맺는다. 구형,
달걀형, 타원형 등 다양한 형태의 도토리가 있
으며 '각두'라고 불리는 모자처럼 생긴 부분을
통해 종을 구분할 수도 있다. 참나무과 종은 우
리나라 산림을 조성하는 대표 식물이다.

도시 재생, 지역 활성화 과정에서 지가와 임대료가 상승하여 기존 주민과 상인이 내몰리게 되는 현상을 '젠트리피케이션'이라고 합니다. 이 현상은 최근 우리나라를 비롯해 전 세계 여러 곳에서 화두가 되고 있지요. 최악의 젠트리피케이션은 지역 특색을 잃는 것은 물론이거니와 밀려나는 원주민, 새롭게 터를 잡은 이들까지 파산하는 결과를 가져오기도 합니다. 사람이 많이 모이는 곳은 한정되어 있고 경쟁은 불가피합니다. 이런 변화의 과정을 조화롭게 해결하고, 더불어 살기 위해 우리는 어떻게 해야 할지 식물의 세계에서 그 지혜를 찾아보려고 합니다.

생물학에서 어떤 식물 군락이 환경 변화에 따라 새로운 식물 군락으로 변화해가는 과정을 '천이遷移'라고 합니다. 산사태나 홍수가 지나간 뒤 벌겋게 드러난 맨땅을 방치하면 어느새 식물들이

박주가리 열매와 씨앗

하나둘 자라고, 새로운 식물 군락이 들어섭니다. 이것이 바로 천
이입니다.

　그럼 식물이 하나도 없는 땅에 식물은 어떤 순서로 자리 잡게
될까요? 이런 땅에는 유기물이 거의 없고 흙만 존재합니다. 비나
햇빛의 영향을 직접 받아서 비가 많이 오면 흙이 쓸려가기 쉽고
강한 햇빛이 비치면 토양이 매우 건조해집니다. 이런 척박한 토
양에는 지의류와 이끼류가 첫발을 내딛습니다. 그 이후 포자와
종자를 가지는 양치류와 종자식물이 유입되는데요. 종자식물 가
운데 씨앗에 털이 있거나, 날개를 갖고 있어서 바람을 타고 멀리
이동할 수 있는 식물 종이 땅을 차지합니다. 억새나 민들레, 박주

Taraxacum platycarpum 민들레

가리 같은 종들입니다. 이렇게 초원을 빠르게 형성하는 식물을 개척자라고 합니다. 이런 식물들이 뿌리내리고 자라나 죽는 과정을 거듭하는 동안 곤충과 동물도 찾아오고 토양에는 수분과 유기물이 많아지게 됩니다.

점점 토양에 직접 닿는 햇빛의 양도 줄어들고 더 비옥한 토양이 됩니다. 그 이후 천천히 키 작은 나무들이 자리를 잡기 시작하고 초원은 숲으로 변합니다. 소나무, 자작나무 등 햇빛을 좋아하는 키 큰 나무가 자라나고 그늘이 많이 생기면 마지막으로 참나무나 동백나무처럼 어릴 때 그늘에 강한 나무들이 밑에서 자라나 자리를 잡게 됩니다. 그래서 한 지역에 자라는 식물 종을 살펴보면 그 지역이 어떤 상태에 와 있는지, 앞으로 어떤 식물이 자라나게 될지 어느 정도 예측할 수 있습니다.

이런 천이 과정은 우리나라 같은 온대 지역의 일반적인 숲 조성의 형태입니다. 만약 물이 많은 습지이거나 기온이 아주 높거나 낮은 지역의 경우 천이 단계에 등장하는 식물은 차이가 있습니다. 습지의 경우, 여러 종류의 수생식물이 차례로 등장하다 부식질이 쌓이면 물의 깊이가 낮아지고 육지화됩니다. 그럼 그때부터는 육지 식물의 천이 과정을 밟아가게 됩니다. 천이의 마지막을 장식하는 식물 또한 지역에 따라 다릅니다. 사막 지역에서는 선인장류, 추운 지역에서는 침엽수, 극지방에서는 초본류가 가장 마지막에 자리를 잡습니다. 이 단계가 되면 환경 변화가 발생하지 않는 한 생물 종들이 더는 크게 바뀌지 않습니다. 이렇게 안정된 상태를 '극상極相'이라고 합니다. 이 단계는 해당 지역에 균류와 동물, 식물 등 생물량이 가장 많이 서식하는 조화로운 상태입니다. 생물이 태어나고 죽는 양이 비슷해 평형을 이루고, 더 이상 군락은 커지지 않습니다.

물론 자연에서 식물이 하나도 없는 상태에서 식물이 유입되는 경우는 드뭅니다. 식물이 아예 자라지 않는 땅이 드물기 때문입니다. 하다못해 이끼류라도 이미 땅을 차지하고 있지요. 식물이 하나도 없는 상태에서 일어나는 천이를 '1차 천이'라고 합니다. 이는 용암이 흐른 자리처럼 특수한 경우에 관찰할 수 있습니다. 일반적으로는 '2차 천이'가 흔합니다. 산불이나 홍수가 나거나 인간의 간섭이 있어 어느 정도 파괴된 뒤 약간의 식물

날개가 있는 침엽수 씨앗들.
소나무, 솔송나무, 화백,
서양측백나무(위에서부터)

이 생존한 상태에서 일어나는 천이를 2차 천이라고 합니다.

저는 석사 시절 〈애국가〉에도 등장하는 남산의 소나무를 보호하고 키우는 일에 참여한 적이 있습니다. 그때 제가 맡은 역할은 남산에 서식하는 다양한 종류의 나무 중에 소나무를 중심으로 꼭 키워야 할 나무와 베어야 할 나무를 선별하는 일이었습니다. 사실 소나무는 우리나라에서 극상 군집에 속하는 종은 아닙니다. 햇빛을 좋아하는 소나무 뒤에 그늘을 잘 견디는 참나무류가 마지막을 장식하기 때문입니다. 인간이 간섭하지 않는다면 남산은 결국 소나무 대신 참나무로 가득한 산이 될 것입니다. 그래서 소나무를 지키기 위해 다른 종의 나무들을 꽤 많이 베어내야 했습니다.

식물의 천이 과정을 보면 어떤 단계도 그 전 단계 없이 갑작스럽게 나타나지 않음을 알 수 있습니다. 토양의 수분과 유기물의 축적, 다른 생물 종과의 경쟁 속에서 자연스럽게 단계적으로 이루어지고 결과적으로 가장 생물량이 풍부한 조화로운 상태에 이르게 됩니다.

더불어 살아가는 사회 속에서 우리도 경쟁을 결코 피할 수 없습니다. 그렇지만 천이 과정처럼 모든 단계가 필연적이고 조화로운 자연의 순환을 닮는다면, 결국 무수히 많은 다양한 사람들이 함께 어울려 살 수 있는, 그런 아름다운 사회를 만들 수 있을 것입니다.

향기의
숲

녹나무 *Cinnamomum camphora*

녹나무과 녹나무속에 속하는 늘푸른나무이다.
제주도에서 자라며 남부 지역에 심기도 한다.
털이 없고 가장자리가 물결 모양인 잎이 난다.
5월에 연한 노란색 꽃이 피고 늦가을에 둥근
열매가 검은색으로 익는다. 식물체 전체에 향이
있어 증류하여 방향성 기름을 얻거나 건축재,
가구재로 사용한다.

계피 향을 좋아하시나요? 저는 어릴 때 계피 사탕과 수정과를 썩 좋아하진 않았는데요. 그 알싸하고 매운 향과 좀처럼 친해지기가 어려웠습니다. 그럼 시나몬 가루는 어떠신가요? 카푸치노 위에 시나몬 가루를 뿌려서 특유의 풍미를 더하곤 합니다.

"계피는 싫지만, 시나몬은 좋아"라고 하는 분들이 꽤 있습니다. 그런데 가만 생각해보면 두 향이 비슷하다, 혹은 같다고 느끼셨을 겁니다. 그도 그럴 것이 사실 이 계피의 영어 이름이 '시나몬Cinnamon'으로 같기 때문이죠. 이번 글에서는 식물이 가진 향기에 대한 이야기를 해보려고 합니다.

'시나몬'이라는 말은 녹나무과의 한 그룹인 녹나무속을 뜻하는 키나모뭄Cinnamomum에서 온 단어입니다. 이 단어는 그리스어로 '돌돌 말리는 형태'란 의미입니다. 껍질이 마르면 돌돌 말리는 성질에서 유래한 말이죠. 그럼 계피는 어디서 나온 말일까요? 흔히 계피를 계피나무의 껍질로 알고 있는 경우가 많은데 정확히 말하면 계피나무라는 종은 없습니다. 계피는 녹나무속에 속하는 네 종의 나무껍질을 총칭하는 말입니다. 중국의 육계나무 *Cinnamomum cassia*, 베트남의 로우레이녹나무*Cinnamomum loureiroi*, 스리랑카의 실론계피나무*Cinnamomum verum*, 인도네시아의 시나모뭄 부르만이*Cinnamomum burmannii*가 있습니다. 서양에서는 강한 향과 매운맛을 가진 육계나무 껍질을 '중국 시나몬'이라고 부르고, 단맛이 나 커피에 주로 사용하는 스리랑카 시나몬을 '실론 시나몬'이라고 구분합니다. 우리가 흔히 '계피'라 부르는 것은 대부분 중국 시나몬입니다.

우리나라 야생에도 녹나무속에 속하는 종들이 자랍니다. 대표적으로 녹나무가 있습니다. 애니메이션 〈이웃집 토토로〉를 보면 토토로가 이 나무에서 살고 있지요. 녹나무 껍질은 계피로 이용하진 않지만, 이 나무에서는 계피 향과 비슷한 독특한 향이 납니다. 녹나무가 자라는 남쪽 지역에서는 그 향을 즐기기 위해 차를 만들어 마시기도 합니다. 이처럼 녹나무과 식물들은 모두 그들만의 화학물질인 피토케미컬phytochemical(s)을 가지고 있고 대부분 독특한 향을 냅니다. 우리가 흔히 아는 월계수, 아보카도, 생강나무 같은 종들도 모두 녹나무과에 속합니다. 녹나무과 식물이 향을 내는 이유 중 하나는 잎이나 줄기를 공격하는 해충을 쫓기 위해서입니다. 그래서 옛사람들은 이 녹나무과 식물의 향을 이용해서 해충 퇴치용 제재를 만들기도 했고, 잘 썩지 않는 가구나 미라 보관용 관 등을 제작하기도 했습니다.

채집을 다니며 많은 식물을 만나면서 저는 자연스럽게 식물이 만들어내는 다양한 향기를 접하게 되었습니다. 제가 좋아하는 향 중에는 사람들이 잘 알지 못하는 식물의 향이 많습니다. 그중 하나가 햇빛이 따뜻해지는 5월, 바람 없는 날에 퍼지는 고로쇠나무 꽃의 향기입니다. 꽃향기에 달콤한 향이 섞여 있는데 이것은 꽃이 가진 꿀의 향입니다. 5월이면 교정에 핀 이 꽃의 향기를 지인들에게 추천하며 딱 알맞은 표현을 찾고 싶었지만, 늘 정확히 표현할 수 없어 안타까웠지요. 지금은 '따뜻한 고구마 케이크 향기'라고 이야기합니다.

고등학교 시절 수업이 끝난 뒤 학교에 남아 친구와 함께 향수를 만들던 기억도 납니다. 학교 과학실에 몰래 들어가 실험도구를 이용해 증류를 했었지요. 교정에 물푸레나무과에 속하는 금목서와 은목서라는 나무가 있었는데, 그 꽃향기는 정말 매력적이었습니다. 증류한 액체를 작은 병에 담아 우리끼리 향수라고 불렀습니다. 실제도 이 나무들의 꽃은 유명한 향수에도 많이 들어갑니다.

그런데 식물들이 이런 좋은 향기만을 가지진 않습니다. 꽃이 사람 키보다 큰 시체꽃*Amorphophallus titanum*에서는 그 이름에서 유추할 수 있듯 지독하게 부패한 냄새가 납니다. 자신의 수정을 도와줄 파리를 유혹하기 위해서입니다. 향이 좋고 나쁘다는 것은 인간의 기준일 뿐 식물들은 그들에게 필요한 향을 화학적으로 제조합니다. 식물이 유혹하거나 쫓아내려는 대상에 따라 그 향은 사람이 느끼기에 좋은 향일 수도 있고, 아닐 수도 있는 것이죠.

식물체에 곤충이나 동물이 접촉하거나, 특수한 시기에만 향을 내는 식물도 있습니다. 집집마다 흔히 키우는 제라늄이 대표적입니다. 평소에는 향이 없다가 물을 주거나 만지면 지독한 향을 내뿜습니다. 제라늄은 천적의 공격을 받았을 때 화학작용을 일으켜 천적이 싫어하는 향을 방출해 쫓아냅니다. 이처럼 식물이 천적을 쫓아내기 위해 만든 향은 동시에 다른 역할을 하기도 하는데요. 가까이 있는 동족들에게 천적이 왔음을 알리는 신호탄 역할을 하기도 하고, 더 나아가 자신의 천적을 쫓아내거나 잡아먹는 또 다른 동물을 부르는 역할도 합니다. 보디가드를 부르는 격이죠. 그 외에도 식물은 향을 이용해 스스로 살균하기도 하고, 세균이나 박테리아의 성장을 방해하기도 합니다.

식물은 식물들 간의 영역 싸움에도 향을 사용합니다. 소나무가 대표적입니다. 소나무 아래에는 다른 식물들이 자라지 않아 사

Cinnamomum camphora 녹나무

람들은 돗자리를 펴고 산림욕하기에 좋다고들 하지요. 그런데 왜 소나무 아래에 다른 큰 식물들이 자라지 못할까요? 이는 소나무가 만들어 내뿜는 화학물질이 다른 식물의 성장을 저해하기 때문입니다. 이 화학물질이 바로 피톤치드phytoncide입니다. 피톤치드라는 말은 파이토phyto, 즉 '식물의'라는 뜻과 사이드cide, '죽이다'라는 뜻이 합쳐진 말로 '식물을 죽이는'이란 뜻입니다. 식물에서 나오는 화학물질이 다른 생물을 죽이는 데 사용된다는 의미입니다. 피톤치드는 역설적이게도 사람에게는 이로운 물질입니다. 소나무 외에도 마늘, 양파, 유칼립투스, 차나무 등 향이 강한 식물은 물론 향이 매우 약해 우리가 향을 잘 못 느끼는 많은 식물들도 피톤치드와 유사한 성분을 갖고 있습니다.

우리는 식물의 향기라고 하면 꽃향기, 허브 향기 정도로 사람이 좋아하는 낭만적인 향을 생각합니다. 하지만 식물이 만들어내는 향은 제조하는 화학물질에 따라 매우 다양하고, 그 역할도 다 다릅니다. 수많은 식물의 향기와 그것을 활용하는 방법을 보면 인간 역시 각자의 향기와 특성을 어떻게 활용해야 할지 생각해보게 됩니다. 덧붙여 세상에 존재하는 많은 식물의 향 가운데 상황에 따라, 순간에 따라 가까이 두고 향유하고 싶은 여러분만의 식물 향을 꼭 발견해보시라고 말씀드리고 싶습니다.

국화꽃
한 송이

해국 *Aster spathulifolius*

국화과에 속하는 여러해살이풀로 우리나라 해안가 절벽에서 주로
자란다. 건조와 염분을 잘 견디고 생명력이 강하다. 전체에 부드
러운 털이 빽빽하고 줄기는 비스듬히 자라며 굵은 뿌리를 가진다.
7~10월에 가지 끝에 지름이 3.5~4센티미터인 두상화서가 달린
다. 설상화는 연한 자주색이다.

한 송이 국화라고 하면 흐드러지게 피어 탐스러운 꽃송이를 떠올리실 텐데요. 그런데 이 꽃송이는 사실 꽃 한 송이가 아닙니다. 수십 송이의 작은 꽃이 모여 이뤄진 모양입니다. 잘 와닿지 않는다면 해바라기를 떠올려보세요. 해바라기 또한 국화과 식물이라 국화와 꽃 크기만 다르지, 형태나 구조는 비슷합니다. 해바라기 꽃이 시들고 나면 꽃 속에 빽빽하게 들어찬 씨앗을 볼 수 있습니다. 해바라기를 이루고 있던 작은 꽃들이 각기 맺은 씨앗들이죠.

민들레, 코스모스, 상추, 개망초, 엉겅퀴, 다알리아의 공통점이 있습니다. 언뜻 생각했을 때 서로 관련이 없어 보이지만, 모두 국화과Asteraceae 식물입니다. Asteraceae는 별을 의미하는 고대 그리스어에서 유래한 단어입니다. 작은 꽃들이 모여 있는 모습이 꼭 별과 같다고 해서 붙여진 단어이죠. 이런 국화과 식물이 갖는 공

해국 두상화서의
단면과 총포

통된 특징 중 하나가 바로 두상화서頭狀花序입니다. 두상화서란, 작은 꽃들이 꽃다발같이 모여 꽃 한 송이처럼 보이는 것을 이르는 말입니다. 꽃들이 꽃자루 없이 다닥다닥 줄기 끝에 모여 붙어 머리 모양을 이루었다는 뜻이죠. 우리가 '국화꽃 한 송이'라고 부르는 것이 바로 이 두상화서입니다.

국화과 두상화서에서 작은 꽃 한 송이를 떼어서 살펴보면 나팔꽃 같은 모양을 하고 있습니다. 꽃잎이 하나씩 떨어져 있는 갈래꽃과 반대되는 형태로, 하나의 꽃잎이 통으로 되어 있어 '통꽃'이라고 합니다. 그러면 해바라기는 둘레에 하나씩 갈래갈래 떨어지는 꽃잎이 있으니 갈래꽃 아니냐고 생각하는 사람들이 많을 것 같습니다. 결론부터 말하면, 둘레에 있는 꽃잎처럼 보이는 것들 또한 각각의 작은 꽃입니다. 안쪽과 바깥쪽 꽃들의 모양이 달라 바깥쪽에 있는 꽃들이 꽃잎처럼 보이는 것입니다. 해바라기 안쪽에는 초롱꽃 모양의 통꽃이 촘촘히 있는데, 이를 통상화* 라

---

* 筒狀花: 꽃잎이 서로 달라붙어 통 모양으로 생기고 끝만 조금 갈라진 대칭형의 꽃.

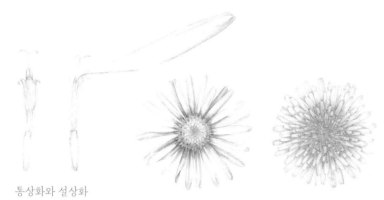

통상화와 설상화

통상화와 설상화 두 종류의 꽃으로 된
해국(왼쪽)과 설상화 한 종류의 꽃으로 된
방가지똥(오른쪽)

고 합니다. 해바라기 바깥쪽 둘레에 있는 꽃잎처럼 보이는 꽃들은 통꽃이 한쪽으로 혓바닥처럼 늘어난 모양새입니다. 이런 비대칭 모양의 꽃을 설상화[**]라고 하는데요. 해바라기는 안쪽에는 통상화들이 빽빽하게 있고, 바깥쪽에는 꽃잎처럼 보이는 설상화를 모두 가진 두상화서인 셈입니다. 반대로 민들레나 방가지똥은 같은 두상화서이지만, 혀 모양의 설상화만 무리를 이룬 형태입니다. 민들레는 해바라기처럼 안쪽과 바깥쪽 꽃들의 형태가 구별이 되지 않아서 많은 꽃잎이 모인 겹꽃처럼 보이는 것입니다.

[**] 舌狀花: 통꽃 한 부분이 혀 모양으로 길게 늘어난 꽃.

두상화서에는 또 다른 비밀이 있습니다. 두상화서의 아래쪽에는 꽃받침처럼 보이는 부분이 있는데 이 부분은 사실 꽃받침이 아닙니다. 두상화서를 받치고 있는 이 부분을 '총포總苞'라고 합니다. 하나의 꽃과 같은 형태를 이룬 두상화서를 보호하는 부분입니다. 그럼 진짜 꽃받침은 어디에 있을까요? 꽃받침은 꽃잎 바로 밑에 있어야 합니다. 그래서 사실 두상화서가 아닌 두상화서를 이루는 각각의 작은 꽃 아래에 있어야 하지요. 민들레의 경우 씨앗을 "후" 하고 불면 씨앗이 멀리 날아가도록 도와주는 털이 있습니다. 이 부분이 바로 꽃받침에 해당합니다. 꽃잎 바로 아래, 씨앗 위에 자리하고 있다가 꽃이 지고 꽃잎이 떨어져 나가면 가볍고 보송보송한 이 털을 펼쳐 아래에 매달린 씨앗을 다른 곳으로 데려갑니다. 독특한 형태와 역할을 하는 이 꽃받침을 '관모'라고 합니다. 도깨비바늘 같은 국화과 식물은 관모가 가시나 갈고리 모양이어서 동물이나 사람의 옷 등에 붙어 씨앗을 퍼뜨리는 역할을 합니다. 다른 식물은 초록색 꽃받침이 꽃을 보호하는 역할을 하는 데 비하여 국화과 식물의 관모는 씨앗을 퍼뜨리는 기능을 가지도록 진화한 것이죠.

관모가 달린 해국의 씨앗

Aster spathulifolius 해국

인간과 함께 현재 지구에서 가장 번성한 식물군은 속씨식물입니다. 속씨식물 중에서도 가장 큰 비중을 차지하는 것이 난초과와 국화과입니다. 우리나라 땅에 사는 모든 식물을 약 3천5백 종에서 많게는 4천 종으로 추산합니다. 그런데 전 세계 국화과에 속하는 식물이 약 3만 2천 종입니다. 우리나라에 사는 모든 식물 종 수보다 한참 많은 것이죠. 국화과 식물은 풀부터 키가 작은 덤불, 키 큰 나무, 덩굴까지 다양한 형태가 있습니다. 아한대부터 열대지방까지 다양한 곳에서 자라고 특히 건조한 기후도 잘 견딥니다.

이렇게 국화과 식물이 지구에 번성할 수 있었던 데에는 두 가지 중요한 비결이 있습니다. 작은 꽃들이 많이 모여 두상화서를 이루는 독특한 형태와 꽃받침이 변형된 관모가 그것이죠. 많은 꽃이 모여 하나의 큰 꽃처럼 보여 수분매개자들을 쉽게 유혹할 수 있고, 수정도 한 번에 많이 할 수 있습니다. 또한 관모가 씨앗이 멀리 날아가도록 도와주는 동시에 동물이 씨앗을 삼키는 것을 방해해 생존력을 높였습니다. 국화꽃 한 송이의 비밀이 곧 국화과 식물이 지구에 번성한 비결인 셈입니다.

이런 국화나 해바라기를 보면 우리가 사는 사회, 공동체와 비슷하다는 생각을 하곤 합니다. 생존을 위해 모인 작은 꽃들처럼, 우리도 생존을 위해 하나의 지붕 아래 모여 살고 있는 것이겠지요.

함께할 때 더 크고 아름답게 피어나는 국화를 보며, 저 또한 함께 하는 이들과 더불어 더 큰 성장을 이루고 싶습니다.

산수국
꽃잎의
비밀

산수국 *Hydrangea serrata* for. *acuminata*

낙엽성 키 작은 나무로 산골짜기나 자갈밭에서
자란다. 여름에 하늘색, 흰색, 혹은 분홍색 꽃이
피며 가을에 열매가 익는다. 꽃차례에서 둘레에
는 무성화가 피고 중앙에 유성화가 핀다. 꽃이
아름다워 관상용으로도 많이 심는다.

하나의 개체에서 세 가지 색의 꽃을 피워내는 식물이 있습니다. 푸른 꽃, 붉은 꽃, 하얀 꽃입니다. 꽃의 색은 다르지만 모두 같은 식물로, 우리가 여름철이면 흔히 볼 수 있는 수국이지요. 같은 수국이지만 색이 다른 꽃을 피우는 이유는 간단합니다. 학창시절에 리트머스 시험지 실험을 해보셨을 텐데요. 리트머스 시험지는 산성 용액에서는 붉은색으로, 염기성 용액에서는 푸른색으로 변합니다. 수국도 리트머스 시험지처럼 자신이 흡수한 물의 산도에 따라 다른 색 꽃을 피워냅니다. 수국은 산성에서는 푸른 꽃을, 염기성에서 붉은 꽃을, 중성에서는 하얀색 꽃을 피워냅니다. 이렇듯 식물의 꽃잎에는 흥미로운 이야기가 숨겨져 있습니다.

몇 년 전, 제게 산수국 그림을 의뢰한 분이 있었습니다. 산수국을 좋아하여 그림을 가지고 싶다고 하셨는데요. 산수국은 우리가 흔히 볼 수 있는 수국과 비슷한 식물입니다. 야생 수국이라고 볼 수 있습니다. 우리나라 강원도 이남 지역에서 주로 자라며, 산속 계곡이나 습한 땅에서 자라 초여름에 꽃을 피웁니다. 많이 자라도 사람 키 정도로만 커지는 관목이라 꽃이 피면 딱 보기 좋아 관상수로 인기가 많습니다.

저는 산수국 그림을 의뢰받고 고민에 빠졌습니다. 제가 그리는 식물 학술도해도로 의뢰자가 원하는 산수국의 아름다움을 표현할 수 있을까 하는 것이었죠. 제가 그리는 식물 그림은 과학 일러스트레이션입니다. 식물 연구를 위한 학술용 그림이어서 한 식물의 전 생애와 모든 정보를 담고 있습니다. 토양의 산도에 따라 달라지는 꽃잎의 색깔을 비롯해 씨앗이 수정되어 봉오리가 생기고 열매를 맺기까지 모든 과정을 조사하고 관찰하여 정보를 담습니다. 그러니 제가 그리는 그림의 틀 안에서 의뢰하신 분이 원하는 산수국의 아름다움을 어떻게 표현할 수 있을지 고민이 시작되었습니다. 그림을 의뢰하신 분은 산수국의 푸른 꽃들이 꽃다발처럼 만개한 모습을 기대하고 계실 것 같았기 때문입니다. 그러나 과학자의 눈으로 보면 식물에서 특히 아름답다고 여겨지는 부분이 따로 있지 않습니다.

산수국을 들여다보면 두 가지 꽃으로 이루어져 있습니다. 꽃들

Hydrangea serrata for. *acuminata* 산수국

진짜 꽃(왼쪽)과 가짜 꽃(오른쪽)

이 모여 있는 안쪽을 보면 아주 작은 꽃들이 있고, 가장자리에는 크고 화려한 꽃들이 있습니다. 가장자리에 있는 꽃을 무성화 혹은 가짜 꽃이라고 하고, 안쪽에 있는 꽃을 열매를 맺을 수 있어 유성화 혹은 진짜 꽃이라고 부릅니다. 좀 더 들여다보면 안쪽 작은 진짜 꽃에는 암술과 수술이 보입니다. 하지만 가장자리에 있는 가짜 꽃에는 암술과 수술이 없습니다. 이것이 가짜 꽃과 진짜 꽃이 가진 서로 다른 소명입니다. 가짜 꽃은 벌과 나비를 유혹하기 위해 크고 아름답게 피지만 정작 생식은 진짜 꽃의 몫이죠. 진짜 꽃이 수정되고 나면 가짜 꽃은 일제히 고개를 아래로 숙이고 초록색으로 변해갑니다. 잎의 역할을 하기 위해서입니다.

우리가 흔히 보는 수국의 일생은 이와 다릅니다. 수국은 인간

고개 숙인 가짜 꽃

이 산수국의 크고 화려한 가짜 꽃만으로 만든 원예종이기 때문인데요. 그래서 수국은 산수국과 달리 절대로 열매를 맺을 수 없습니다.

저는 결국 의뢰인이 기대하는, 푸른 꽃잎이 절정인 산수국의 모습 외에도 가짜 꽃이 자신의 소임을 성실히 마치는 과정, 토양의 산도에 따라 각기 다른 색상을 지니게 되는 꽃들, 꽃봉오리부터 씨앗이 맺기까지의 일생 등을 모두 담은 그림을 완성했습니다. 대신 그 구성을 의뢰인이 원하는 방향으로 특별하게 해 모두 만족하는 산수국 그림이 탄생하였습니다.

가짜 꽃을 가진 식물 중에 수국과 비슷한 운명을 가진 꽃이 있습니다. '수국백당'이라는 식물인데요. 꽃이 부처님 머리와 닮았다고 하여 일명 '불두화'라고도 불립니다. 이 식물도 백당나무라는 식물을 수국처럼 가짜 꽃만 피우도록 인간이 조작해 만든 원예종입니다. 사실 수국백당은 수국과는 진화 계통상으로 가까운 식물은 아닙니다. 사람이 그 형태를 친척으로 만들어주었다고 해도 과언이 아니죠. 이 식물의 학명은 *Viburnum opulus* for. *hydrangeoides*입니다. 즉 백당나무의 학명인 *Viburnum opulus*에 for. *hydrangeoides*가 붙어 수국과 닮은 품종이란 의미가 되었습니다. for.는 품종을 의미하고 *hydrangeoides*는 수국속을 의미하는 *Hydrangea*에서 유래하였습니다.

사실 수국과 수국백당같이 인간의 손에 의해 모습이 바뀐 식물들은 우리 주변에 흔합니다. 꽃집이나 정원에서 흔히 볼 수 있는 겹꽃 가운데는 자생종, 즉 지구에 자연적으로 나타나 살아가고 있는 야생종이 아닌 경우가 많은데요. 야생에서 홑꽃잎으로 살아온 식물을 인간이 아름답게 느끼도록 겹꽃잎으로 바꾼 것이 많습니다. 대표적인 예가 장미입니다. 우리가 보는 장미는 무수히 많은 꽃잎이 겹겹이 겹쳐져 있지만 장미의 야생종 중 하나로 볼 수 있는 찔레는 다섯 개의 꽃잎을 가지고 있습니다. 카네이션도 마찬가집니다. 이런 원예종들로 '사랑한다' '사랑하지 않는다' 꽃점을 쳐보기도 하는데 꽃잎을 다 뜯고 나면 그 안에 암술과 수술이 없는 경우가 많습니다. 암술과 수술마저도 사람이 꽃잎으로 만들어버렸거나 예쁜 부분이 아니어서 없애버린 것이죠.

크고 화려한 가짜 꽃만으로 이루어진 수국과 레이스 드레스처럼 꽃잎이 겹겹이 쌓인 장미 같은 꽃들이 여전히 아름답게만 느

꺼지시나요?

자연이 빚은 가짜 꽃은 인간이 만든 가짜 꽃과 달리 그 식물이 지구에 살아남기 위해 반드시 필요한 역할을 하고 있습니다. 진짜 꽃도 가짜 꽃도 산수국에게는 매우 중요합니다. 우리에게도 산수국의 가짜 꽃과 진짜 꽃처럼 각자의 자리와 역할이 있지 않을까 싶습니다. 겉모습이 화려할 수도 초라할 수도 있겠지요. 겉모습 때문에 모두 같은 역할을 하는 사람들만 가득하다면 열매를 맺지 못하는 원예종처럼 이상하고 슬플 겁니다. 각자의 자리에서 자신의 역할을 다하며 사는 것, 함께 조화롭게 살아가는 방법을 산수국에게서 듣습니다.

겹꽃잎의 장미

다윈이
사랑한
난초

털사철란 *Goodyera velutina*

난초과에 속하며 한라산 남쪽 숲속에서 자
란다. 잎은 자줏빛이 도는 짙은 녹색이며 중
앙맥을 따라 흰색 줄무늬가 있다. 8~9월에
분홍색 혹은 연한 갈색의 꽃들이 한쪽으로
치우쳐 달린다. 꽃의 아래쪽 꽃잎은 밑부분
이 통처럼 부푼 모양이고 안쪽에 털이 있다.
열매가 익으면 갈라지고 그 안에서 가루 같
은 씨앗들이 나온다.

흔히 가장 진화한 식물이나 동물이 무엇이라고들 특정지어 이 야기하지만, 현존하는 다양한 종을 연구하는 학자들은 단순하게 어떤 종이 가장 진화했다고 단정적으로 말하기 힘들다고 합니다. 어찌 보면 현재까지 살아 있는 모든 종들이 가장 진화했다고 볼 수도 있겠지요. 그러나 그 가운데 가장 진화한 분류군 중 하나로 난초과 식물을 꼽습니다. 그 이유는 다양한 형태와 생존방식으로 지구에 많은 자손을 만들고 적응했기 때문입니다. 난초들은 식물 분류군 중 가장 다양한 형태의 꽃을 피우고 이런 꽃의 형태는 진화와 떼래야 뗄 수 없는 이야기를 담고 있죠.

'앙그라이쿰 세스퀴페달레*Angraecum sesquipedale*'라는 난초가 있습니다. 학명이 다소 어려운데 '다윈의 난초Darwin's orchid'라는 영어 이름으로도 불립니다. 이 종은 마다가스카르에서만 사는 고유

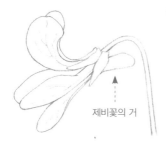

제비꽃의 거

종으로 1700년대 어느 프랑스 식물학자에 의해 발견되었습니다. 이 꽃의 뒤쪽에는 '거'*라고 하는 돌출된 부위가 있는데, 이 난초의 거는 30센티미터 정도로 매우 깁니다. 다윈은 이 꽃을 보고 거 입구에서 꿀샘이 있는 거의 끝까지 주둥이가 닿는 곤충이 존재할 거라고 추측했습니다. 주둥이만 30센티미터에 달하는 곤충이라니, 당시 곤충학자들은 반신반의했죠.

하지만 다윈이 죽고 21년이 지난 뒤 실제 이 꽃의 꿀을 먹고 꽃가루를 옮기는 30센티미터의 긴 주둥이를 가진 크산토판속의 박각시나방류인 크산토판 모르가니*Xanthopan morganii*가 발견됩니다.

이로 인해 이후 다윈의 난초와 이 박각시나방은 함께 서로 영향을 주고받아 진화하는 공진화共進化를 설명하는 대표적인 사례가 되었습니다. 꽃은 꿀을 제공하면서 자신의 꽃가루를 옮겨줄 매개자를 찾습니다. 하지만 동시에 꿀만 갈취해가고 제대로 매개자 역할을 하지 않는 곤충은 배제해야 하지요. 자신에게 딱 맞

＊　spur: 꽃받침이나 꽃부리의 일부가 길고 가늘게 뒤쪽으로 벋어난 돌출부로 대개 속이 비어 있거나 꿀샘이 있음.

게 일을 해줄 수 있는 매개자를 찾기 위해 자신의 모습을 곤충에 맞게 변형시켰고, 곤충 또한 꽃에 맞게 자신을 변형시켰습니다. 이것이 바로 공진화입니다.

'벌난초Bee orchid'란 이름의 난초도 있습니다. 흔히 오프리스속Ophrys에 속하는 종들인데요, 이 식물들의 꽃을 보면 꽃잎의 패턴과 복실복실한 털 등 그 생김새가 꼭 이 꽃을 수정해주는 벌처럼 생겼습니다. 더욱 흥미로운 것은 이 꽃은 생김새뿐만이 아니라 벌의 페로몬과 같은 향을 낸다는 사실입니다. 꽃은 꽃가루를 옮겨주는 수벌이 좋아하도록 암벌의 모양을 하고 암벌의 페로몬을 풍기는 것이지요. 이 난초들의 꽃이 피는 시간은 매우 짧습니다. 그래서 짧은 시간 효율적으로 정확하게 꽃가루를 이동시켜야 합니다. 그래서 암벌의 모습과 향으로 정확하게 꽃가루를 운반할 수벌을 유인하는 것입니다.

난초와 곤충의 특별한 관계를 보여주는 이야기는 또 있습니다. 수벌이 암벌을 위해 난초 꽃에서 얻은 향수를 뿌린다는 이야기인데요. '유글로신 벌Euglossine bee'이라고 불리는 종들과 난초과 하위 분류군 중 하나인 석곡아과Epidendroideae에 속하는 여러 난초들의 관계가 그것입니다. 난초는 수벌에게 향기 나는 물질을 주는 대신 꽃가루를 전달하게 하고, 수벌은 다리에 난초에서 향기

Goodyera velutina 털사철란

를 내는 물질을 모아서 암벌을 유혹하는 데 사
용합니다. 유글로신 벌과 석곡아과 난초류 사
이에는 각각 서로에게 맞는 짝이 있습니다.
각각의 난초 종은 자신의 꽃가루를 정확히
전달해줄 수벌에게 맞게 각각 다른 향을 제
조합니다. 수벌은 자신이 필요한 향을 가
진 난초 종만 방문하지요. 그래서 난초들
은 자신과 같은 종의 난초에게 정확히 꽃

털사철란 꽃 속에 있는
꽃가루 덩어리

가루를 전달할 수 있습니다. 수벌은 자신이 필요한 향을 만드는
난초에 맞게끔 다리 모양이 독특하게 변형되었습니다. 난초는
수벌에게 맞는 향을 제조하는 것은 물론 수벌이 착륙하기에 적
합한 모양을 하고 있습니다. 흥미로운 것은 이렇게 향을 만드는
난초는 꿀을 생산하지 않는다는 사실입니다. 수벌이 난초에서
꿀이 아니라 향을 필요로 하기에 그에 맞게 진화한 것이죠. 난초
와 벌들, 이들은 누가 먼저 누구를 필요로 했는지 알 수 없을 정
도로 서로에게 딱 맞게 공진화했습니다.

　난초는 다른 식물과 달리 꽃가루가 가루로 흩어지지 않고 끈끈
하게 뭉쳐 덩어리를 형성합니다. 그래서 바람에 날려 보내거나
가루를 수분매개자에게 묻히기보다 곤충이나 동물이 단 몇 개의

덩어리를 확실하게 옮길 수 있도록 진화하였습니다. 또 꽃가루 덩어리 끝에 끈끈한 접착 부분을 만들어 수분매개자에게 더 잘 붙게 하였습니다. 꽃가루 덩어리의 형태나 곤충의 몸에 꽃가루 덩어리가 붙는 위치도 다음 꽃에 도착했을 때 정확히 암술에 가 붙을 수 있도록 섬세하게 계획했지요. 난초는 자신에게 맞는 수분매개자가 꽃에 잘 착륙할 수 있도록 비행기 활주로처럼 꽃잎의 패턴을 만들고, 곤충이 알아보기 쉬운 빛을 반사시키고 좋아하는 향을 냅니다.

난초과 식물은 전 세계에 약 2만 종가량 분포하며 종자식물 전체 수의 약 8퍼센트를 차지합니다. 난초과는 여러 종자식물 분류군 중 국화과와 함께 가장 큰 분류군으로 꼽히며, 그만큼 지구에 잘 적응하였음을 보여줍니다. 그 뛰어난 적응력과 진화로 난초는

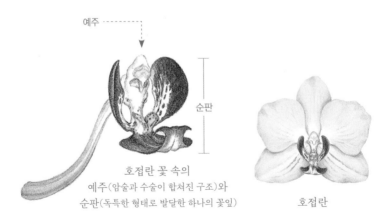

예주

순판

호접란 꽃 속의
예주(암술과 수술이 합쳐진 구조)와
순판(독특한 형태로 발달한 하나의 꽃잎)

호접란

다양한 형태를 가지게 되었습니다. 특히나 꽃 형태의 폭발적인 다양성은 난초와 관계를 맺은 특수한 수분매개자들과 서로 적응하여 발전한 공진화의 결과입니다.

인간 또한 나와 관계를 맺는 사람들에 따라 어떤 방향으로 어떤 진화의 역사를 만들지 모릅니다. 풍요롭고 발전적인 인간관계를 위해서라도 자연의 공진화 법칙을 살펴본다면 유용하지 않을까 생각해봅니다.

지구를
물들이는
식물들

후박나무 *Machilus thunbergii*

울릉도와 남부 지방에서 자라는 늘푸른나무이다.
잎이 두껍고 앞면은 녹색으로 광택이 있으며 뒷
면은 회색빛이 도는 녹색이다. 5월에 붉은색 새
잎과 함께 황록색 꽃이 핀다. 다음 해 7~8월에
열매가 남색 혹은 흑자색으로 익는데, 꽃이 필 때
황록색이던 열매자루는 이후 붉은색으로 변한다.
그 모습이 아름답다.

알렉상드르 뒤마Alexandre Dumas·1802~1870는 우리가 잘 알고 있는 소설《삼총사》와《몬테크리스토 백작》을 쓴 작가입니다. 그럼 이 작가의 다른 소설인《검은 튤립》은 혹시 읽어보셨나요? 우리에게 비교적 덜 알려진 이 소설이 흥미로운 이유는 실제 검은 튤립을 개발하려고 했던 원예가들의 시도를 담았기 때문입니다. 지금은 유전자 조작을 통해 직접 식물의 형태를 변형시키기도 합니다. 하지만 예전에는 원하는 형태의 자손이 나올 때까지 여러 세대에 걸쳐 교배시키는 방법을 썼습니다. 검은 튤립을 얻기 위해서는 여러 튤립 중 진한 자주색을 가진 개체끼리 교배시키고, 그다음 세대에 더 진한 색을 골라 다시 교배시키는 식이지요. 이 방법은 여러 세대를 거쳐야 하기 때문에 시간이 오래 걸립니다. 이소설은 이런 긴 노력 끝에 얻을 수 있는 검은색 튤립에 대한 인간의 열망과 사건을 담고 있습니다.

식물이 없다면 지구의 색은 얼마나 심심할까요. 그중에서도 식물의 초록색이 없다면 지구의 많은 것들이 달라졌을 겁니다. 기생 식물처럼 녹색이 아닌 식물도 있지만 우리가 일반적으로 생각하는 식물은 녹색이지요. 녹색식물을 정의하는 가장 큰 특징은 엽록소를 가진 엽록체가 있다는 것입니다. 이 엽록소가 녹색의 정체입니다. 우리 눈에 식물이 녹색으로 보이는 것은 식물이 청색광과 적색광을 사용하고 녹색을 반사하기 때문입니다. 가시광선 중에 만약 청색광과 적색광만 골라서 식물에게 비춰주면 식물은 두 색을 모두 사용해버려서 검정색으로 보이게 됩니다.

엽록소를 가진 엽록체는 빛에너지를 화학에너지로 만드는 공장입니다. 빛에너지를 화학에너지로 바꾼다는 것은 동물인 인간이 보면 정말 굉장한 일이죠. 빛을 사냥해 자신의 생존을 위해 쓴다는 것은 무에서 유를 창조하는 것과 같다는 생각마저 듭니다. 그런 이유로 녹색은 생명의 상징이기도 합니다.

식물을 잘 그리는 화가는 초록색을 잘 다루는 화가라고들 합니다. 사람들이 식물에 관심을 가지고 사랑하게 되는 때는 대부분 꽃이 피거나 열매를 맺을 때입니다. 식물을 그리는 화가들도 꽃이나 열매에 비하여 잎에 정성을 쏟지 않는 경우가 많습니다. 그렇지만 식물의 주인공 색은 초록색입니다. 종마다, 시기마다 각양각색의 초록색을 가집니다. 초록색과 관련된 엽록소에는 엽록소a와 엽록소b가 있습니다. 그 외에 노란색, 붉은색, 갈색과 관련하여 카로티노이드, 안토시아닌과 같은 색소를 가집니다. 가을에 단풍이 드는 이유는 엽록소가 파괴되고 이런 물질들이 관여하기 때문이지요.

식물에서 가장 다채로운 색을 내는 부분은 꽃과 열매입니다. 꽃과 열매는 그저 눈에 띄기 위해 알록달록한 색을 내는 것이 아닙니다. 이들의 색은 흔히 유혹의 색이죠. 꽃의 수정이나 씨앗의 이동을 도와줄 곤충이나 동물을 유혹하기 위해 화려한 색을 가집니다. 수레국화, 큰제비고깔 같은 푸른색과 벌노랑이, 유채꽃 같은 노란색은 벌이 좋아하는 색입니다. 석산이나 참나리처럼 붉은 계열의 색은 나비가 좋아하는 색이지요. 벌과 달리 나비는 붉은색을 볼 수 있습니다. 또 새들도 붉은색을 좋아하는데요. 그래서 동박새가 빨간 동백꽃의 수정을 돕는 것이죠. 가을 열매들이 붉은색을 많이 띠는 이유 중 하나는 붉은색이 잎의 초록색과 대비되는 색이기도 하지만, 눈이 오는 겨울에도 눈에 띄어 새들의 먹이가 되어 씨앗을 퍼뜨릴 수 있기 때문입니다.

식물의 열매는 대부분 초록색이었다가 성숙하면 붉은색, 검정색, 노란색 등으로 다양하게

떡잎산수국의
파란색 꽃

Rubus schizostylus 가시복분자 열매

섬매발톱나무 열매

변화합니다. 열매가 익기 전에는 잎 색깔과 같은 초록색으로 숨어 있다가 나중에야 다른 색을 띱니다. 씨앗이 아직 덜 여물었을 때는 씨앗이 다 자랄 때까지 보호해야 합니다. 그러나 씨앗이 세상에 나갈 준비를 마치면 곤충이나 동물을 불러 모아야 하기 때문에 열매들은 눈에 띄는 색으로 변해갑니다.

봄에 싹을 틔울 때는 잎의 상징인 초록색이 아닌 경우도 있습니다. 모란이나 작약은 짙은 붉은색이나 자주색 싹을 틔웁니다. 이런 새싹들이 처음에 초록색이 아닌 이유는 아직 광합성을 할 준비가 되지 않아서이기도 하지만, 자외선으로부터 연약한 싹을 보호하기 위해서이기도 합니다. 다 자란 뒤에도 초록색이 아니라 붉은색이나 갈색을 띄는 식물도 있습니다. 주변의 흙이나 바위 색으로 위장해 천적을 피하기 위해서이지요. 현호색 종류인 코리

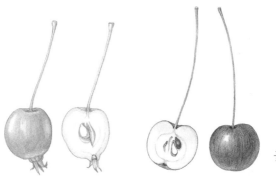

꽃사과 열매

달리스 헤미디센트라*Corydalis hemidicentra*나 돌멩이처럼 생긴 리톱
스속*Lithops*에 속하는 종들은 주변 흙이나 돌과 비슷한 색으로 찾
기가 쉽지 않습니다.

우리 인간의 눈에는 무지개빛인 가시광선이 보입니다. 그래서
이 색을 우리 생활에 이용하지요. 그런데 식물들은 자외선도 이
용할 줄 압니다. 그들과 밀접한 곤충들이 가시광선 외에 자외선
을 보기 때문입니다. 동의나물 같은 미나리아재비과 식물들이나
민들레 같은 국화과 식물은 자외선을 이용해 우리 인간의 눈에는
보이지 않지만 곤충의 눈으로는 볼 수 있는 무늬나 표지들을 만
듭니다. 식물이 이용하는 색에는 투명색도 있습니다. 식물의 털
이나 가시, 잎의 특정 부분은 투명색으로 빛을 반사하거나 투과
시켜 식물이 빛을 사냥할 때 효율성을 높입니다.

당근의 예쁜 주황색은 본래 당근의 색이 아니라
는 사실 알고 계신가요? 당근은 원래 흰색이나 자주
색이었습니다. 주황색 당근은 영양가를 높이고 인
간의 눈에 예쁘게 보이도록 만든 것이죠. 그러니
당근의 주황색은 당근이 지구에서 생존하는 데에
는 아무 관련이 없는 셈입니다. 그렇지만 이런 당
근과 달리 야생식물이 가지는 모든 색은 정교한
이유를 가지고 있습니다.

나는 어떤 색일까요? 내 주변 사람들은 어떤 색
일까요? 나는 얼마나 다채로운 색으로 살고 있고
인생을 다채롭게 가꾸고 있을까요? 지구를 물들이는 식물처럼
우리도 스스로의 삶을 다채롭게 물들여보면 좋겠습니다.

다양한 색의
개머루 열매

CHAPTER 5

숲의 마음

작은 창으로
쏟아지는
세상

애기장대 *Arabidopsis thaliana*

십자화과에 속하는 두해살이풀로 들판, 산기
슭에서 자란다. 싹이 나고 씨앗을 맺을 때까지
생애주기가 짧고 돌연변이체를 만들기 쉬워
여러 식물학 연구에서 모델 식물로 활용된다.
꽃은 봄에 피고 흰색으로 십자 모양이다.

저는 어릴 때 종종 미루나무 아래에 서서 팔랑거리는 잎을 한참 동안 올려다보곤 했습니다. 눈에 보이지는 않지만 빠르게 날고 있을 물과 산소 분자를 상상하며 분자들이 우리 눈에 보인다면 굉장하겠다고 생각했었죠.

실제로 큰 참나무 한 그루는 1년 동안 약 15만 리터, 하루에 약 411리터의 물을 방출한다고 합니다. 411리터의 물이 잎을 통해 공기 중으로 퍼져나가는 모습을 눈으로 볼 수 있다면 정말 장관일 겁니다. 이런 현상을 '증산작용'이라고 합니다. 이 작용은 잎에 있는 작은 구멍인 기공에서 일어나는데, 기공을 통해서 물뿐만 아니라 산소와 이산화탄소도 이동합니다. 식물이 세상과 소통하는 작은 구멍인 기공에 담긴, 우리가 몰랐던 이야기를 한번 해보겠습니다.

애기장대 기공(왼쪽)과
벼과 식물 기공(오른쪽)

기공氣孔은 영어로 '스토머stoma'이며, 그리스어로 '입'이라는 뜻의 단어에서 유래하였다고 합니다. 기억을 더듬어보면, 학교 생물 시간에 배우거나 실험 시간에 현미경을 통해 기공의 모습을 보신 적이 있으실 겁니다. 두 개의 세포로 이루어져 있어서 입술 혹은 강낭콩 두 쪽 같은 모양으로 보입니다. 그러나 기공 세포는 주된 세포와 보조 세포로 이루어져 있고, 식물에 따라 세포의 수, 형태나 배열이 다양합니다. 별처럼 생긴 것이 있는가 하면 장미 꽃처럼 보이는 것도 있습니다. 위치도 흔히 잎의 뒷면에 있다고 알려져 있습니다.

물론 식물 대부분이 잎 뒷면에 많은 기공을 가지고 있지만, 외떡잎식물의 경우 잎의 앞면에 혹은 양면 모두에 기공이 있는 경우도 있습니다. 쌍떡잎식물 중에도 버드나무속과 사시나무속의 몇몇 종들처럼 잎의 양면에 기공이 있는 식물도 있지요. 또 수련이나 개구리밥처럼 잎이 물 위에 뜨는 수생식물은 물에 닿지 않는 앞면에 기공이 있습니다. 잎뿐만 아니라 꿀풀과의 콜레우스 블루메이*Coleus blumei*처럼 줄기에, 콩과 식물인 케럽이나 완두처

Arabidopsis thaliana 애기장대

럼 뿌리에, 까치밥나무과의 레드커런트나 블랙커런트처럼 열매에서 기공이 발견되는 식물도 있습니다. 좀개구리밥이나 개연꽃속 식물들처럼 기공이 있긴 하지만 진화하면서 기능을 완전히 잃어버린 경우도 있습니다. 물론 기공이 없는 식물도 존재합니다. 물속에 완전히 잠겨 살아가는 붕어마름 같은 수초들이나, 광합성을 하지 않고 죽은 생물에게서 영양분을 얻어 살아가는 수정난풀이나 부생란이 그것이죠. 광합성을 위해서는 이산화탄소를 받아들여야 하는데 광합성을 하지 않으니 기공이 필요하지 않습니다.

최근에는 반려동물처럼 '반려식물'이라는 말도 많이 사용합니다. 그만큼 집에서 식물을 키우는 분들이 많습니다. 누군가는 초록빛 식물을 보면 위로를 받고, 편안함을 느낀다고 하고 또 누군가는 공기 정화나 미세먼지 제거, 산소 공급을 기대하기도 하지요. 물론 다양한 연구로 밝혀졌듯 화분 한두 개로 우리가 기대하는 효과를 거두기는 힘듭니다. 하지만 식물의 증산작용을 통한 가습효과는 기대할 만합니다.

기체 교환을 위해 기공이 열릴 때 물이 증발하는데, 일반적으로 총 기공 면적은 잎의 5퍼센트 이내이지만, 잎의 수증기 손실률은 최대 70퍼센트에 이릅니다. 식물은 기공을 열고 닫는 데에 공기 중의 이산화탄소 농도, 빛의 세기, 온도 등 다양한 요인들의 영향을 받습니다. 흔히 햇빛이 강하면 강할수록 광합성이 활발하게 이루어지니, 이때 발생하는 산소와 물을 배출하기 위해 기공이 활짝 열릴 거라고 생각할 수 있습니다. 하지만 기공의 개폐 기작은 그렇게 단순하지 않습니다. 햇빛이 너무 강해 온도가 높아지고 건조해지면 오히려 식물은 기공을 닫아버립니다. 과도한 수분 손실은 식물의 생존을 위협하기 때문입니다. 그러니 지구온난화가 식물에 미치는 영향은 지대할 수밖에 없습니다. 대기의 온도가 몇 도 상승하는 것이 인간이 느끼기엔 미미한 듯 보여도 식물의 기공 개폐에 크게 관여할 수 있습니다. 식물의 증산작용이 억제되면 공기 중의 수분이 줄어들어 대기의 습도를 변화시키고 점진적으로는 지구 환경을 변화시킬 수 있습니다. 식물의 작은 구멍이 닫히는 것이 지구에 큰 변화를 초래할 수 있는 것이죠.

그래서 기공의 미세한 움직임과 밀도, 크기 등을 통해 식물의 진화와 지구 환경의 역사를 살펴보고 예측할 수 있습니다. 기공은 식물의 진화 단계에서 보면 육상식물에서 처음 나타나 그 후 지구 환경 변화에 따라 계속 진화했습니다. 지구에 이산화탄소 농도가 높았던 시절 식물에는 기공의 수가 많았습니다. 호주에서 자라는 프로테아과Proteaceae의 두 식물 그룹의 진화를 기공의 분포로 알아볼 수 있는데요. 지구가 건조한 시기에는 잎 조직에 더 깊이 파묻힌 기공을 가진 식물 그룹이 번성했고, 지구의 습도가

벼과에 속하는 가을강아지풀, 금강아지풀, 갯강아지풀(왼쪽부터)

높아지면 잎 표면에 더 드러난 기공을 가진 식물 그룹이 번성했습니다.

또 기공 세포의 형태도 환경에 맞게 진화했습니다. 벼과 식물의 기공은 덤벨 모양으로 일반적인 입술 모양과 다르게 진화하였습니다. 이런 모양은 적은 에너지로도 기공을 더 빠르고 크게 열 수 있지요. 덤벨 모양의 기공은 벼과 식물들이 열대우림을 벗어나 초원을 뒤덮고 건조한 기후에 빠르게 대처하는 데 결정적인 역할을 했습니다. 가만히 있는 듯 보이지만, 식물은 밤낮으로 열심히 일하며 기공이라는 작은 통로를 통해 끊임없이 세상과 소통하고 있습니다. 이 작은 구멍은 식물이 환경 변화에 재빨리 대처할 수 있게 할 뿐 아니라 지구에 큰 변화를 이끌어냅니다. 우리도 식물처럼 세상과 끊임없이 소통하고 있습니다. 우리의 작은 행동이 모여 어떤 변화를 불러올지 한 그루의 나무처럼 생각해보면 좋겠습니다.

뿌리의
사유

약난초 *Cremastra variabilis*

주로 숲속에서 자라는 난초로 높이 30~50센
티미터까지 자란다. 알뿌리는 둥글고 염주같이
연결되어 이어져 있다. 이 알뿌리는 약재로 사
용되며 항암효과가 있다. 꽃줄기는 알뿌리 옆
에서 곧게 올라오며, 5~6월에 연한 자주색 꽃
이 15~20송이 달린다.

"뿌리 깊은 나무는 바람에 아니 움직이니 꽃 좋고 열매 많나니……" 〈용비어천가〉 제2장의 첫 구절입니다. 이 구절에 등장하는 뿌리, 나무, 꽃, 바람, 열매는 조선 건국의 시련과 위대함을 보여주는 상징이라고 할 수 있습니다. 이 문장은 식물학적 관점에서 봐도 흥미롭습니다. 얕은 뿌리는 지표면에 있는 수분 흡수에 유리할 수 있지만 건조와 추위에 약하고 쓰러지기 쉽습니다. 뿌리 깊은 나무는 땅 위에 나와 있는 기관들을 안정적이고 튼튼하게 키워낼 수 있습니다. 이번 글에서는 식물을 땅에 고정시키고 토양에서 물과 양분을 흡수하는 뿌리에 감춰진 이야기를 해보고자 합니다.

질문 하나 드려볼까요. 식물도 뇌가 있을까요? 강연을 가면 가끔 받는 질문인데요. 강연을 들으러 온 분들이 오히려 기발한 답

Cremastra variabilis 약난초

을 내놓아서 요즘은 제가 먼저 질문을 하곤 합니다. 찰스 다윈과 그의 아들 프란시스 다윈은 *The Power of Movements in Plants*라는 책에서 "식물의 뿌리는 하등동물의 뇌와 같다"라고 말했습니다. 이 가설을 '루트-브레인Root-Brain 가설'이라고 합니다. 다윈의 가설 중 가장 논란을 일으켜 130년 이상 무시되고 잊혀왔습니다. 하지만 뿌리의 성장과 민감한 방향성, 습도와 빛, 중력 감지 능력은 지렁이같이 토양에 사는 하등동물의 행동 패턴을 떠올리게 하는 것이 사실입니다. 이 때문에 요즈음 루트-브레인 가설이 다시 주목받고 있습니다.

다윈은 뿌리의 역할을 확인하기 위해 다양한 방법으로 실험했습니다. 뿌리 끝을 누르거나 자르고, 불에 태우기도 하며 뿌리가 어떻게 뻗어 나가고 움직이는지, 다른 쪽 뿌리에 어떤 영향을 미치는지 관찰했습니다. 또 단단한 물체를 만났을 때와 부드러운 물질을 만났을 때를 비교하기도 했습니다. 수분,

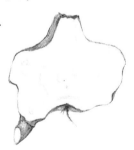

약난초 알뿌리 단면

햇빛, 중력에 대한 반응도 실험했습니다. 뿌리는 햇빛을 피하고 중력 방향을 인지하여 지하로 뻗어갑니다. 수분이 있는 방향을 찾아가고 단단한 물체가 있을 때 그 물체를 피해 둘러가기도 하죠.

다양한 실험 결과 뿌리는 많은 선택의

기로에 놓인다는 것, 식물의 생존에 유리한 선택을 하기 위해 끊임없이 생각하고 결정한다는 것을 알 수 있었습니다. 훗날 과학자들은 그런 선택의 과정에 식물호르몬, 효소, 여러 단백질과 복잡한 신호 전달 체계가 관여한다는 사실을 추가로 밝혀내기도 했습니다.

저는 어릴 적 큰 나무를 볼 때마다 나무 아래 땅속에 감춰진 뿌리는 어디까지 펼쳐져 있을까 궁금했습니다. 누군가 제게 뿌리는 땅 위에 펼쳐진 나뭇가지만큼 크다고 이야기해주었지만, 좁은 보도블록 위에 서 있는 가로수를 보노라면 뿌리가 그리 넓게 펼쳐지는 게 불가능하지 않나 생각했습니다. 지금까지 보고된 가장 깊은 뿌리를 가진 나무는 '양치기의 나무' 또는 '목자의 나무'라고도 불리는 보치아 알비트런카*Boscia albitrunca*입니다. 아프리카 남부 칼라하리 사막에서 발견된 이 나무는 약 70미터에 이르는 깊은 뿌리를 가지고 있습니다. 과학자들은 뿌리의 너비를 알아낼 방법을 연구해왔습니다. 처음에는 뿌리가 나무의 캐노피, 즉 지붕처럼 땅 위에 펼쳐진 나뭇가지와 나뭇잎 반경의 2~7배 반경으로 펼쳐진다고 제시했지만, 연구가 더욱 발전해 지금은 캐노피보다 나무둥치를 기준으로 뿌리 반경을 계산하는 방법을 제시하고 있습니다.

2009년 버지니아 공과대학의 수잔 데이Susan Day와 에릭 와이즈먼Eric Wiseman 연구팀에 따르면, 나무뿌리의 반경은 나무둥치 직경의 서른여덟 배나 된다고 합니다.

이번에는 독특한 뿌리를 가진 식물에 대해 이야기해볼까요. '만드라고라Mandragora'라고 불리는 식물이 있습니다. 영화〈해리포터〉시리즈를 비롯해 셰익스피어의 작품에도 등장하는 이 식물은 뿌리 모양이 꼭 사람을 닮았는데요. 이 때문에 동서양에서 불길한 미신과 전설에 종종 언급되곤 합니다. 서양 전설에 따르면 이 식물의 뿌리를 뽑으면 비명을 지르고, 뽑은 사람을 죽게 만든다고 합니다. 이 기괴한 전설 속 식물이 바로 가지과에 속하는 만드라고라 오피시나룸Mandragora officinarum입니다. 당연히 전설처럼 뿌리를 뽑는다고 해서 비명을 지르지는 않습니다. 과거에는 약초로도 사용했지만, 뿌리에 환각, 환청을 유발하는 물질이 있어 주의가 필요한 식물입니다.

독특한 역할을 하는 뿌리도 있습니다. 수선화, 무스카리, 히야신스 같은 알뿌리 식물에서 흔히 발견되는 수축근입니다. 수축근은 알뿌리 아래에 붙어 있습니다. 알뿌리는 양파처럼 땅속에 있는 줄기 일부가 비대해진 것으로 생장 초반에는 지표면 근처에서 자랍니다. 추위에 얼어붙기 쉽고, 건조한 직사광선을 쐬고 동물에게 노출되기 쉽죠. 그래서 싹을 틔운 뒤에는 안정적 생존을 위해 땅속 깊은 곳으로 움직이는데요. 이를 위해 수축근이 발달한 것입니다. 수축근은 수축과 확장을 하며 주변 흙을 옆으로 밀어내고 알뿌리를 깊은 땅속으로 열심히 끌어당깁니다. 보통 뿌리가 식물을 땅 위에 고정시키는 역할을 한다면, 알뿌리의 수축근은 생존을 위해 식물을 이동시키는 뿌리인 셈이죠.

그런가 하면 땅속에 있지 않고, 공기 중에 나와 있는 뿌리도 있습니다. 나무 위에 붙어 사는 난초나 맹그로브 나무들, 벽에 붙어 사는 덩굴식물에게서 볼 수 있는 공기뿌리입니다. 이들은 식물체를 지지하는 역할도 하고 호흡을 하기도 합니다. 신기한 것은 난초 중에 초록색 공기뿌리를 가진 식물은 뿌리로 광합성도 한다는 사실입니다. 집에서 흔히 키우는 풍란이나 나도풍란이 그런 식물이죠. 이 외에도 맹그로브 나무들은 뿌리 표면에 플러스(+), 마이너스(-) 전하를 흘려 나트륨을 걸러내기도 합니다. 기생식물의 뿌리는 다른 식물에 붙어서 영양분을 빼앗기도 하고, 수생식물의 뿌리는 물속에서 부족한 공기를 줄기로부터 끌어오는 역할도 합니다. 이렇게 뿌리는 모양도 다양할 뿐 아니라 역할도 다양합니다.

근원, 근간, 근본…… 모두 '뿌리 근根' 자가 들어 있는 단어입니다. 식물에게도 뿌리는 가장 중요한 것, 깊이 생각한 것, 바탕

이 되는 것일 텐데요. 그러니 '뿌리가 깊다'라는 말은 '깊은 사유를 통해 얻은 단단한 중심을 가졌다'라는 뜻이 될 수 있을 겁니다. 식물의 뿌리처럼 저 또한 단단한 중심을 가진, 뿌리 깊은 나무가 되어야겠다고 생각해봅니다.

이타적
식물

수정난풀 *Monotropa uniflora*

숲속 부식질이 많고 습한 곳에서 잘 자라는 여러해살이 부생식물이다. 햇빛을 통해 광합성을 하지 않고 곰팡이에게서 영양분을 얻기 때문에 어두운 숲속에서 잘 자랄 수 있다. 전체적으로 투명한 흰색이며 엽록소가 없어 초록빛이 없다. 잎은 비늘 같은 모양으로 퇴화되었고, 줄기 끝에 흰색 꽃이 하나씩 핀다.

흔히 '정글은 약육강식의 세계다'라고 하고, 무정하고 경쟁적인 사회를 보며 '정글 같다'라고 말합니다. 그런데 정말 정글은 그렇게 무자비한 곳일까요? 사실 동물의 이타심에 대해서는 많이 알려져 있습니다. 같은 무리를 돌보거나 다른 개체의 새끼를 키워주기도 합니다. 심지어 전혀 다른 종 사이에서도 서로를 보호하는 따뜻한 행동이 오가기도 합니다.

그에 비해 식물은 물과 양분, 빛을 얻기 위해 오직 경쟁만 하는 생물로 여겨집니다. 어떤 감정이 오가려면 커뮤니케이션이 전제되어야 합니다. 하지만 우리는 식물이 움직이지 않고, 친교를 표현할 어떤 행동이나 언어도 하지 않는다는 걸 잘 압니다. 그런데 정말 식물은 커뮤니케이션을 하여 이타심을 가질 수 없을까요? 이와 관련해 과학자들이 흥미로운 연구결과를 내놓고 있습니다.

여러분은 'www'란 표기를 잘 아실 겁니다. '월드 와이드 웹

Monotropa uniflora 수정난풀

World Wide Web'의 약자로 인터넷을 매일 접하는 우리에게 아주 친근한 표기이죠. 그런데 식물학자들이 www를 새롭게 제시했습니다. 바로 '우드 와이드 웹Wood Wide Web'입니다. 이는 식물과 식물 뿌리에 붙은 수많은 근균, 즉 곰팡이들이 연결되어 서로 네트워크를 형성하고 커뮤니케이션을 하는 것을 의미합니다. 땅속 곰팡이가 인터넷 같은 역할을 한다는 의미이죠. 일반적으로 식물과 땅속 곰팡이는 공생하며 식물은 곰팡이에게 탄소를, 곰팡이는 식물에게 질소 같은 영양분을 준다고 알려져 있습니다. 동시에 이 곰팡이들은 식물과 식물을 연결하는 연락책으로서 통신 서비스를 제공하고 있습니다. 환경 변화나 외부 침략자들에 대한 경고, 주변에 어떤 식물이 있는지 등의 정보를 전달합니다.

기존 식물들의 커뮤니케이션 방법은 주로 공기 중에 화학물질을 분비하는 것으로 알려져 있습니다. 예를 들면 초식동물이 갉아먹은 잎에서 뿜어져 나오는 화학물질이 날아가 다른 식물에게 포식자가 왔음을 알리는 식입니다. 과학자들은 이런 종류의 커뮤니케이션에 비해 우드 와이드 웹은 전 세계 인터넷 연결망처럼 훨씬 거대하다고 말합니다.

많은 사람들은 나무가 빛을 두고 경쟁하는 땅 위의 행동에 더 관심을 보이지만, 브리티시컬럼비아 대학의 수잰 쉬마드Suzanne

Simard 교수는 땅속에서 벌어지고 있는 일에 더 관심을 가졌습니다. 그리고 거미줄처럼 얽혀 있는 우드 와이드 웹을 통해 물과 수많은 물질이 이동하며, 이것은 곧 나무의 언어와 같은 역할을 한다고 제안했습니다. 그녀는 작은 묘목에게 영양분을 보내는 어머니 나무, 죽기 전에 주변 나무들에게 영양분을 기증하는 나무 등도 있다는 연구를 내놓기도 했습니다.

뿌리에 근균이
엉켜 있는 수정난풀

캐나다 맥매스터 대학의 식물학자 수전 더들리Susan Dudley는 식물의 이타적 행동 가능성을 처음으로 보여준 과학자 중 한 명입니다. 그녀를 포함해 몇몇 식물학자들이 식물의 이타성 아이디어를 제시했지만, 오랫동안 많은 식물학자들은 이상한 이론이라며 관심을 갖지 않았습니다. 수전 더들리는 봉선화과에 속하는 임파티엔스 팔리다Impatiens pallida를 연구하여 이 봉선화가 다른 식물들을 구별해 경쟁할 것인지, 협력할 것인지 선택한다고 보고했습니다. 이 종은 뿌리를 통해 이웃에 있는 식물들이 친족인지 아닌지 구별하고, 친족인 경우 협력 반응을, 친족이 아닐 경우 경쟁 반응을 나타냈다고 합니다. 즉, 친족이라고 판단하면 뿌리나 잎, 높이 등을 조절해 다른 개체의 성장을 방해하지 않고 상생하려 한다는 것이죠. 이는 식물이 자신과 비슷한 유전자를 가진 식물을 구별하고, 친족의 생존과 번식을 돕는 이타적 행동을 하도록 진화해왔음을 보여줍니다.

이를 뒷받침하는 연구는 더 있습니다. '칼랑코에 다이그리몬티아나*Kalanchoe daigremontiana*'라는 식물이 있습니다. 이름은 생소할 수 있지만 직접 본다면 "아, 이 식물!" 할 정도로 익숙한 식물입니다. '칼랑코에'라는 이름으로 꽃집에서 흔히 판매하는 관엽식물인데요. 넓은 잎 가장자리마다 작은 식물체와 뿌리가 달린 모습이 인상적이어서 한 번 보면 잊히지 않죠.

'수천의 어머니mother of thousands'라는 별명처럼 모체는 잎 가장자리에 자리한 작은 식물체가 완전히 스스로 혼자 살아갈 수 있을 때까지 키웁니다. 자신과 똑같은 유전자를 가진 식물을 키우는 것을 이타적이라고 표현하는 것이 적합한가 하실지 모르겠는데요. 인간에 비유해보면, 나와 유전자가 완전히 같아도 복제인간처럼 전혀 다른 개체이기 때문에 살아남기 위한 에너지 경쟁이 일어날 수 있습니다. 하지만 칼랑코에는 작은 식물을 키워내고 독립시킵니다. 동물의 경우를 본다면 자손을 키우고 돕는 행동이 특별하진 않을 수 있습니다. 하지만 오랜 시간 한 자리에서 생존해야 하는

수정난풀이 모여 자라나는 모습

식물 입장에서는 자손이라도 햇빛과 영양분을 나눠야 하니, 달가울 리 없죠. 분명 칼랑코에의 행동은 이타적이라고 볼 수밖에 없습니다.

최근에는 친족과 가까이 심은 작물들이 더 잘 자라고 수확량도 많다는 보고가 있습니다. 십자화과의 모리칸디아속*Moricandia* 식물을 대상으로 한 실험을 보면 친족과 가까이 있으면 일부 개체들은 꽃을 더 많이 피워내고 꽃가루 생산에 더 집중한다고 합니다. 종자를 만들 에너지를 꽃 생산에 집중해 친족인 다른 개체들의 수정을 돕고, 종자를 많이 생산하게 하는 것이죠. 또 해바라기처럼 같은 종을 배열하여 심으면 다른 종들을 섞어 심었을 때와 달리 잎의 각도나 높이 등을 조절해 친족에게 햇빛이 고루 가도록 하는 식물들도 보고되고 있습니다.

자연의 세계는 자연선택의 결과이며, 늘 경쟁과 약육강식만 존재한다고 생각할지도 모릅니다. 하지만 인간의 세계에서 아름답게 여겨지는 이타심이 동물의 세계뿐만이 아니라 식물의 세계에도 분명 존재합니다. 이는 어쩌면 진화의 방향을 결정하는 중요한 요인 중 하나일지도 모르죠. 이런 식물의 세계를 보며, 우리가 다른 이를 돕는 것은 자연의 진정한 섭리가 아닐까 생각해봅니다.

친구가
내 곁에
오기까지

메타세쿼이아 *Metasequoia glyptostroboides*

원산지는 중국이며 야생 개체수가 적으나 우리나라
를 포함하여 여러 나라에서 가로수나 조경수로 흔
히 심는다. 높이가 35미터까지 자라며 생장 속도가
매우 빠르다. 나무껍질은 갈색으로 벗겨지고, 작은
가지는 녹색이다. 가을이면 잎은 붉은빛이 도는 갈
색으로 단풍이 든다.

우리나라에서는 도롯가에 은행나무를 가로수로 많이 심습니다. 그래서 가을이면 노랗게 물든 잎이 우수수 떨어지고, 심지어 고약한 냄새를 풍기는 열매도 쉽게 볼 수 있습니다. 한국을 방문한 서양인 눈에는 은행나무가 빚어내는 풍경이 아시아를 상징하는 특별한 모습으로 보인다고 합니다. 그도 그럴 것이 서양에서는 은행나무를 가끔 식물원에서만 볼 수 있을 정도로 흔하지 않아 귀하게 여기기 때문입니다. 우리에겐 익숙하고 친근한 은행나무가 귀하다니? 하시는 분도 있을 것 같습니다. 사실 은행나무는 세계자연보전연맹의 적색목록에 이름을 올린 멸종위기 종입니다.

모든 생물을 '계문강목과속종'이라는 체계에 따라 분류하는데요, 식물은 식물계를 이루고 있고 그 안에 모든 식물 종이 포함됩니다. 예를 들어 장미는 장미속에 속하고, 장미속은 장미과, 장미과는 장미목에 속합니다. 장미목에는 8천~1만여 종이 포함됩니다.

Ginkgo biloba 은행나무

은행나무 열매

은행나무는 은행나무속, 은행나무과, 은행나무목, 은행나무강, 은행나무문의 체계에 속합니다. 많은 종들이 포함되는 장미목에 비해 은행나무문 단계까지 올라가도 이 문에 속하는 종은 은행나무 단 하나입니다. 진화계통학적으로 가까운 종이라 할 수 있는 자매 종이 하나도 없는, 외로운 식물인 셈입니다. 물론 은행나무가 처음 출현한 고생대 이후로 열 종 이상의 은행나무류가 있었던 것으로 추정됩니다. 하지만 이후 매개동물의 멸종과 기후변화로 인해 자매 종들은 자연스럽게 사라지고, 단 한 종만 살아남아 지금에 이르렀습니다.

그 하나 남은 은행나무 종류가 우리가 알고 있는 은행나무입니다. 현재 야생 은행나무는 중국 저장성 등 일부 지역에 서식한다고 알려져 있으며, 개체 수가 2백 그루가 채 되지 않습니다. 그마저도 야생 개체가 아닌 인간의 활동이 개입된 종일 수 있다는 주장이 제기되고 있어서 만약 그 주장이 사실이라면 지구상에 야생 은행나무는 존재하지 않는다고 볼 수 있습니다.

그렇게 보면 우리 곁에 남은 은행나무가 새삼 얼마나 귀한지 생각해보게 됩니다. 가로수, 정원수로 자라는 은행나무에게 인간은 씨앗을 퍼뜨려주는 거의 유일한 매개동물입니다. 인간의 손이 은행나무의 자손들을 번식시키고 있는 것이지요. 그래서 인류가 멸종하면 제일 먼저 사라질 식물이 은행나무라는 이야기도 있습니다. 이런 인간의 활동에 목숨이 달린 식물은 비단 은행나무뿐만은 아닙니다.

우리가 화분에 많이 식재하는 소철도 은행나무와 비슷한 운명을 겪고 있습니다. 소철류는 은행나무 다음으로 출현한 원시식물입니다. 쥐라기-백악기 시기, 지구 곳곳에 퍼져 전성기를 이루었지만 지금은 소철속에 110여 종이 살아남았고, 이들 대부분은 은행나무처럼 세계자연보전연맹의 적색목록에 등재되어 있습니다.

한국에서 은행이나 관공서 한 귀퉁이에서 화분으로 흔히 볼 수 있는 소철은 '사이카스 레볼루타*Cycas revoluta*'란 종으로, 자생지는 일본과 중국 등지입니다. 화분으로 쉽게 구입할 수 있는 이 소철은 인간이 재배하여 판매하고 있는 것들입니다. 야생종들은 은행나무처럼 서식처에서 많이 감소하여 세계자연보전연맹 목록에 관심이 필요한 대상으로 등재되어 있습니다.

소철은 원래 따뜻한 기후에서 잘 자라기 때문에 제주도를 포함한 남쪽 지역에서는 야외에 정원수로 키우기도 합니다. 하지만 그 외 지역에서는 관엽식물로 화분에 식재하고 있습니다. 그런데 화분에서 자라는 소철은 꽃이나 열매를 잘 맺지 않습니다. 변화 없이 단단한 잎을 쫙 펼치고 있는 모습이 대부분이죠. 그래서 어찌 보면 모형 식물 같기도 합니다. 화분에 식재된 소철은 실내에서 기후가 잘 맞지 않아 꽃과 열매를 맺지 못하고 성장도 느립니다. 사람은 변함없는 소철의 모습이 멋져서 화분에 심고 돌보지만, 소철 입장에서는 서식 환경이 적합하지 않아 아주 느리게 자라고 있다는 사실이 안타깝기만 합니다.

우리가 쉽게 보는 식물 중에 마음을 짠하게 하는 식물은 또 있습니다. 월드컵공원, 남이섬, 담양 등에서 멋진 가로수길을 이루고 있는 메타세쿼이아입니다. 우리나라뿐만 아니라 미국, 유럽 등지에서도 사랑받는 식물입니다. 원산지는 중국이고, 측백나무과, 메타세쿼이아속에 속하는 유일한 종입니다. 메타세쿼이아도 은행나무나 소철처럼 겉씨식물로 속씨식물보다 오래된 원시적인 식물입니다. 메타세쿼이아속의 종들이 더 있었지만 이들도 진화의 수순을 밟아 모두 멸종하였고, 메타세쿼이아 한 종만 살아남았습니다. 야생 메타세쿼이아는 심각한 벌채로 개체 수가 줄어들어 현재 야생에서는 멸종위기에 놓여 있습니다.

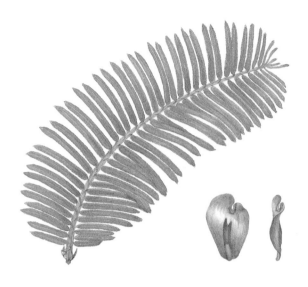

메타세쿼이아 잎과 씨앗

우리가 보는 메타세쿼이아는 대부분 사람이 재배한 것입니다. 자연적인 교배가 아니라 사람이 근친교배, 꺾꽂이 같은 무성 생식을 통해 번식시킨 것이죠. 인간의 역사에서도 볼 수 있듯 근친혼을 통해 태어난 자손은 열성 유전자로 인해 유전병을 갖기 쉽습니다. 오래전 왕실에서 고귀한 혈통을 보존하기 위해 친족 간에서만 혼인하여 혈우병, 소두증 등을 가진 자손이 태어난 경우처럼 말입니다. 또한 친족 내 유전적 조성이 비슷하여 같은 종류의 질병에 취약할 수 있는데 길에서 만나는 많은 메타세쿼이아들

메타세쿼이아 열매

이 이와 같은 상황에 처해 있습니다.

　사람들이 사는 곳에서는 은행나무, 소철, 메타세쿼이아를 그토록 흔하고 쉽게 볼 수 있는데, 자연 속에서는 희소한 존재라는 것이 참 아이러니합니다. 늘 가까이에서 볼 수 있어서 흔하다 여기고 소중함을 잊게 되는 것들이 많습니다. 그런 것들의 존재와 가치에 대해서 다시 생각해볼 수 있는 시간을 가지고 싶습니다.

이름에
존중을
담다

생강나무 *Lindera obtusiloba*

우리나라 일부 지역에서 '동백기름' 혹은 '동백나무'라고 불린다. 가지를 자르면 생
강 향이 나서 생강나무라고 한다. 봄에 피는 노란색 꽃이 산수유와 닮았으나 꽃자루
가 없고 암꽃과 수꽃이 다른 그루에 피는 점으로 구별된다. 9월에 열매가 검은색으
로 익고, 생강나무의 씨앗으로 기름을 짠다.

"한창 피어 퍼드러진 노란 동백꽃 속으로 폭 파묻혀버렸다. 알싸한 그리고 향긋한 그 냄새에 나는 땅이 꺼지는 듯이 온 정신이 고만 아찔하였다."

여러분도 잘 아시는 김유정의 소설 〈동백꽃〉의 한 구절입니다. 이 구절을 읽으면서 혹시 탐스러운 붉은 꽃잎으로 봄을 알리는 동백꽃을 떠올리진 않으셨나요? 하지만 글귀에서도 알 수 있듯 노란색 꽃잎을 가지고 알싸한 향을 내는 동백꽃은 우리에게 다른 이름으로 알려진 식물입니다. 바로 생강나무인데요, 강원도 사람들은 이 생강나무를 동백나무라고 부릅니다. 중학교 국어시간에 국어 선생님이 김유정의 소설을 소개하시며 동백꽃을 설명하셨는데, 저는 수업이 끝나고 선생님께 찾아가 소설에서 나오는 식물은 우리가 아는 동백꽃이 아니라 생강나무의 꽃이라고 말씀드렸습니다. 지금 생각하면 조금 당돌한 행동 같기도 한데 다행히 국어

Lindera obtusiloba 생강나무

선생님은 자신이 잘 몰랐는데 알려줘서 고맙다고 말씀해주셨죠. 생강나무를 강원도에서 동백나무라고 부르는 이유는 옛사람들이 머릿기름으로 써왔던 동백기름과 관련이 있습니다. 동백기름은 동백나무 씨앗에서 추출한 기름입니다. 따뜻한 지역에서 자라는 동백나무는 강원도에서 볼 수 없는 식물이고, 동백기름 또한 구하기 쉽지 않았습니다. 그래서 강원도에서는 생강나무 씨앗에서 기름을 추출해 동백기름처럼 사용했고, 이것이 강원도에서 생강나무가 동백나무로 불리게 된 이유입니다.

사실 두 나무는 같은 이름으로 불린다는 것 외에는 남이나 다름없습니다. 계통학적으로나 생장 환경이나 모든 면에서 전혀 다르죠. 생강나무는 녹나무과에 속하며 얇은 판이 열려 꽃가루를 방출하는 특이한 수술과 방향성 등 녹나무과 식물들의 특징을 가졌습니다. 반면 동백나무는 차나무과의 식물로 가장자리에 톱니가 있는 도톰하고 광택이 나는 상록성 잎과 다섯 개의 꽃받침, 다섯 개의 꽃잎을 지니고 있습니다.

생강나무는 동백나무와 달리 우리나라 남쪽부터 북쪽까지 널리 분

생강나무 암꽃(위)과 수꽃(아래)

포합니다. 암꽃만 피는 암나무와 수꽃만 피는 수나무가 따로 자라 암나무에서만 둥글고 까만 열매를 볼 수 있습니다. 열매는 초록색에서 붉은색, 까만색 순으로 변하기 때문에 열매 또한 다채롭고 아름답지요. 이 열매를 구경하기 위해서는 꼭 암나무를 잘 골라 심어야 하고, 근처에 수나무가 있어야 꽃에 수정이 될 수 있습니다. 가을이면 노란 단풍도 아주 아름답습니다.

생강나무 암꽃 가지(오른쪽)와 수꽃 가지(왼쪽)

한편 생강나무라는 이름 때문에 이 나무의 뿌리가 우리가 먹는 생강이라고 착각하기 쉽습니다. 그러나 동백나무와 생강나무처럼 생강나무와 생강도 전혀 관련이 없는 식물입니다. 생강은 생강과의 초본식물로 키 작은 대나무 비슷한 형태로 나란히맥*을 가진 잎들이 달립니다. 그 뿌리를 캐서 요리나 차로 만드는 것이지요. 생강나무에 생강이라는 이름이 붙은 이유는 생강나무 잎이나 줄

* 식물 잎의 잎맥이 나란한 모양을 이루고 있는 것으로, 주로 외떡잎식물의 잎에서 볼 수 있음.

기 등을 뜯으면 거기에서 생강 향이 나기 때문입니다. 생강나무 꽃은 생강보다는 좀 더 부드럽고 단 향기가 나는데 봄에 꽃을 채취해 말려 생강나무 꽃차를 만들어 마시기도 합니다.

식물의 이름은 국제식물명명규약International Code of Botanical Nomenclature, ICBN의 규칙에 따라 명명됩니다. 물속에 사는 조류와 곰팡이, 버섯 등이 포함되는 균류도 식물과 함께 이 규약을 따릅니다. 동물의 경우는 국제동물명명규약International Code of Zoological Nomenclature, ICZN이 따로 있지요. 국제적으로 동일하게 사용되며 한 종에 하나씩 정확히 국제식물명명규약에 따라 만들어진 이름을 학명이라고 합니다. 일반적으로 라틴어로 표기됩니다. 예를 들어 생강나무의 학명은 린데라 오브투실로바*Lindera obtusiloba*입니다. 학명과 달리 보통명, 혹은 지방명이 있는데 이 이름은 지리적으로 한정된 범위에서 사용하는 이름입니다. 생강나무가 바로 보통명에 해당하는 것이죠. 학명에 비해 그 나라의 언어로 되어 있어 쉽고 짧습니다. 그러나 보통명은 학명과 달리 전 세계에서 널리 사용될 수 없고, 계통학적 분류 체계나 과학적 정보를 담고 있지 않고 일관성이 없습니다. 그러다보니 외우기 쉽고 사용하기 편할지는 몰라도 너무 인간중심적인 것은 아닌가, 혹은 식물에게 너무 가혹한 것이 아닌가 하는 이름도 만나게 됨니다. 꿩의밥, 자라풀, 다람쥐꼬리, 노루발, 까마귀베개 등은 그래도 귀여운 편입니다. 며느리밑씻개, 며느리배꼽, 할미밀망, 사위질빵, 홀아비바람꽃 같은 이름을 들으면 왜 식물에게 인간관계를 나타내는 이름을 붙였는지 의아해집니다. 큰개불알풀, 애기똥풀, 노루오줌, 쥐오줌풀, 낙지다리, 비짜루, 미꾸리낚시, 도둑놈의갈고리 같은 이름들은 그 예쁜 모습을 눈에 담기도 전에 듣는 즉시 웃음이 터지고 미안한 마음마저 들지요.

'개-' '너도-' '나도-' '아재비-' 같은 단어가 붙은 식물들은 기존에 있던 종과 닮았다고 해서 붙은 이름입니다. 예를 들어 바람꽃이라는 종이 있는데 그 종과 닮아서 '너도바람꽃'이라는 이름이 붙고, 또 닮은 꽃이 등장해서 '나도바람꽃'이라는 이름이 등장하는 식입니다. 개다래, 개잎갈나무, 개밀 등 '개'가 붙은 경우도 원래 있던 종과 닮았다는 뜻이지만 그보다는 못하다는 뜻을 담고 있는 경우가 많습니다. 원래 종보다 맛이 없거나 인간이 잘 사용할 수 없거나 해서 가치가 떨어지는 경우이지요. 그 외에 꿩의다리아재비도 꿩의다리라는 식물과 닮았습니다.

이런 식물의 한국 이름 작명에는 재미있고 정겨운 면도 있지만, 한편으로 인간중심적인 이름 짓기란 생각도 듭니다. 식물의 입장에선 이 땅에 누가 먼저 뿌리내렸는지, 누가 누구를 닮았는지 아느냐고 불평할 수 있을지도 모르겠습니다. 그들의 관계를 규정한 건 결국 인간이니까요.

식물의 이름을 살펴보면 이름을 붙인 이유가 너무 단순하거나 가끔 미안할 정도로 우습기까지 한 것을 알게 됩니다. 지구에 함께 사는 하나하나의 종으로 대우하여 충분히 존중하고 이해하여 붙인 이름은 분명 아니라는 생각도 들지요.

우리는 인간관계 속에서 자신도 모르는 사이 상대를 자기중심적으로 규정하고 부르고 있진 않을까요? 그 사람을 충분히 바라보고 이해하여 섣불리 규정짓지 않는다면 누구든지 존중받을 수 있지 않을까 생각합니다.

다시
만날 수
없다면

제주황기 *Astragalus membranaceus* var. *alpinus*

우리나라 한라산 중턱에서만 자라는 한국 고유종이
다. 자생지가 한두 곳으로 보고되었으며, 개체수가
매우 적어 보호가 필요한 종이다. 높이가 15센티미
터로 작고 줄기가 여러 개 모여난다. 7~8월에 노란
색 나비 모양의 꽃이 핀다.

한라산은 고도에 따라, 시간에 따라 날씨가 변화무쌍합니다. 그래서 산 아래 날씨가 좋았더라도 위로 올라가면 어떤 위험에 처할지 알 수 없지요. 한라솜다리를 만나러 간 날도 그랬습니다. 한라솜다리는 한라산 정상부 백록담에서만 살고 있습니다. 저와 동료들이 한라산 정상에 도착했을 때 작은 돌들이 날아다닐 정도로 강한 바람이 불었고, 산까지 내려온 구름 때문에 한 치 앞을 볼 수 없었습니다. 백록담 안쪽 경사지를 기어서 한라솜다리를 찾았지만, 바람과 구름 때문에 동료마저도 잘 보이지 않았습니다. 바람이 너무 강해 한 자리에 엎드려 바람이 잦아들기를 기다렸습니다. 그러다 도저히 찾을 수 없다고 포기하려는 순간 바로 제 발아래에 하얀 솜털이 가득한 한라솜다리가 있었습니다. 그때의 감격은 지금도 생생한데요. 사실 한라솜다리는 멸종위기식물 1급입니다. 한라산에서 사라진다면 어디서도 볼 수 없게 되는 것이지요. 그럼 한라솜다리 같은 운명에 놓인 식물에는 또 무엇이 있을까요?

우리나라는 멸종위기 종을 정할 때 국제 기준인 세계자연보전연맹의 기준을 따릅니다. '절멸'은 종의 사라짐을 의미합니다. 이런 절멸의 위기에 있는 종들을 '위급, 위기, 취약' 등급으로 나누고 이들을 멸종위기 종이라고 합니다. 개체군의 크기, 서식 범위, 생존력 등을 기준으로 이런 등급을 결정합니다. 우리나라 환경부에서는 멸종위기 종을 1급과 2급으로 나누고, 1급을 조금 더 위급한 종으로 분류하고 있습니다. 하지만 1급이든 2급이든 멸종위기 생물을 만나는 것은 모래 속에서 바늘 찾기와 같지요.

2013년 8월, 말복이 끼여 덥고 또 더운 날이었습니다. 저와 동료는 여주의 늪지대와 지리산, 백운산으로 식물채집을 떠났습니다. 한국에서만 자라는 특산식물이자 멸종위기식물 2급인 나도 승마를 찾기 위해서였습니다. 다른 학자들에게 관련 문헌과 서식지 정보를 받고 갔지만, 역시 찾기 쉽지 않았습니다. 캄보디아, 중국 하이난 같은 열대 지역의 더위도 버텨낸 제가 그날은 더위를 먹고 말았습니다. 결국 동료는 산 정상까지 나도승마를 찾기 위해 혼자 올라갔고, 저는 한참 열을 내렸다가 정신을 차리고 산을 천천히 내려왔습니다. 그 와중에도 나도승마를 찾아야겠다는 마음에 구석구석 찾아봤지만, 등산로 입구까지 내려오도록 찾을 수 없었습니다. 그런데 등산로 입구에서 그토록 찾아 헤맬 때는 보이지 않던 나도승마가 덩그러니 흙덩이에 박힌 채 굴러떨어져 있는 것을 발견했습니다. 벼랑의 흙이 무너지면서 자연적으로 뽑혀 굴러떨어진 것 같았죠. 너무 신기한 상황에 누가 식물채집을 왔다가 떨어뜨린 것은 아닌가 하는 말도 안 되는 상상까지 했습니다. 한라솜다리 때처럼 빈손으로 돌아가나 하는 순간에 나도승마를 만나, 어쩌면 식물은 자신을 너무 탐내는 사람에게 모습을 더 보여주지 않는 게 아닐까 하는 생각이 들더군요.

저는 제주도에서 멸종위기식물 2급인 으름난초를 몇 번 만난 적이 있습니다. 이 난초는 썩은 생물에게서 영양분을 얻기 때문에 잎이 없고 가을이면 붉은 열매가 홍고추처럼 주렁주렁 달리는 신기한 형태를 하고 있습니다. 저는 예전부터 이런 잎이 없는 독특한 형태의 난초에 관심이 많아 틈틈이 자료를 조사하고 정리하고 있었습니다. 그런데 어느 날, 인터넷을 보다 사람들이 이 난초의 붉은 열매를 잔뜩 넣어 술을 많이 담가 먹는다는 사실을 알게 되었습니다. 심지어 이 종이 멸종위기식물 2급이기에 더 귀한 술이라고 자랑을 늘어놓았더군요. 저는 바로 환경부에 신고했습니다.

난초는 씨앗이 가루처럼 많긴 하지만, 그 발아율이 매우 낮습니다. 그 때문에 이런 식으로 열매를 모두 뜯어버리는 것은 그 난

Sedirea japonica 나도풍란

초의 내일을 빼앗는 것이죠. 저는 식물을 공부하는 사람으로서 해당 식물이 귀하다는 이유로 캐어 가지고 간다는 사실에 참 안타깝고 속상했습니다. 게다가 으름난초 열매의 효능이 과학적, 의학적으로 명확하게 밝혀지지 않았습니다. 설령 있다고 해도 세상에 얼마 남지 않은 한 식물의 가치만큼 크지는 않을 겁니다. '귀하다'는 것은 왜 인간에게 항상 쟁취와 정복의 대상이 되어야 할까요.

식물분류학자들 사이에서 농담 반 진담 반으로 이런 이야기를 합니다. 멸종위기식물을 지정하면 그 식물은 곧 그 자생지에서 사라지더라는 것이죠. 자생지가 알려지면 도굴꾼들이 금방 식물들을 다 캐가기 때문입니다. 학자들은 멸종위기 종을 보전하기 위해 조사하고 보고하지만, 그것이 식물에게 정말 좋은 것인지 고민되는 순간이 많습니다. 그래서 자생지에 대한 구체적인 언급을 일부러 제외하고 보고서나 논문을 출판하는 경우도 있습니다. 대신 저자들과 정부 관계자들만 장소를 알고 보호 조치를 합니다. 이렇게 멸종위기식물을 지키는 것도 사람이지만, 식물들이 멸종위기에 놓이게 된 것도 결국 사람 때문입니다. 지구에서 오랫동안 진화해오며 살아온 종들이 한순간에 사라지는 주된 이유는 기후변화나 자연선택이 아닙니다. 직간접적인 인간의 활동이 가장 큰 원인이죠.

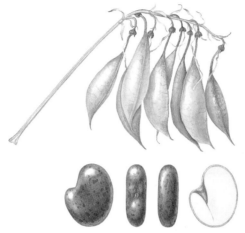

우리나라 고유종인
제주황기의 열매와 씨앗

　'오지탐험'이라는 말이 아직 유효할까 싶을 정도로 이 지구상
에 인간의 손길이 닿지 않는 곳은 거의 없습니다. 동시에 오늘도
생존의 기로에 선 식물과 동물들이 늘어나고 있지요. '귀하다'의
사전적 의미에는 네 가지가 있습니다.

　1. 신분, 지위 따위가 높다.
　2. 존중할 만하다.
　3. 아주 보배롭고 소중하다.
　4. 구하거나 얻기가 아주 힘들 만큼 드물다.

우리나라 고유종인
떡잎윤노리나무 열매와 씨앗

여러분은 어떤 의미의 '귀하다'를 자주 사용하시나요? 제게 식
물은 아주 보배롭고 소중하다는 의미의 귀한 존재입니다. 식물뿐
만이 아니라 사람, 관계, 물건, 자연 등 나를 둘러싼 모든 것에 대
해 '귀하다'는 의미를 다시금 생각해볼 수 있으면 좋겠습니다.

식물의
마음

개종용 *Lathraea japonica*

우리나라 울릉도에서만 자라는 기생식물이다. 숲속 나무 밑에서 자라
고 참나무과, 자작나무과 등의 식물 뿌리에 붙어 기생한다. 엽록소가
없어 전체적으로 초록빛이 없고 잎이 없으며 꽃대에 비늘잎만 달린다.
4~5월에 곧게 선 꽃대에서 꽃이 핀다.

요즘은 식물을 키우는 사람이 식물과 대화하거나 같이 음악을 듣는다고 얘기해도 사람들이 이상하게 생각하지 않습니다. 그러나 몇십 년 전만 해도 식물과 대화한다고 하면 괴상한 사람으로 여겼습니다. 식물을 사랑하는 영국인들도 예외는 아니었는데요. 엘리자베스 여왕의 장남이자 제1왕위 계승자인 찰스 왕세자는 자신이 식물과 이야기를 나눈다는 말을 했다가 오랫동안 비난을 받았습니다. 제정신이 아니라서 여전히 왕위를 물려받지 못하고 있다는 놀림까지 받았지요. 나중에는 재차 물어오는 질문에 식물과 대화가 아니라 왕세자라서 식물에게 지시한다는 자기 비하적인 농담을 할 정도였죠. 그러나 식물과 환경에 관심이 많고 식물을 좋아하는 찰스 왕세자는 꿋꿋이 식물 사랑을 실천했고, 최근에는 당당히 식물과 몇십 년 동안 이야기를 나누었고 나무를 심으면 가지를 맞잡고 악수까지 한다고 밝혔습니다. 예전과 다르게

Lathraea japonica 개종용

사람들은 오히려 사랑스럽고 귀엽다며 환호하고 있지요. 어느 순간부터 우리는 식물과 마음을 나눌 수 있다고 믿고 위로를 받고 있습니다. 정말 식물은 마음을 가지고, 느끼고, 대화할 수 있는 것일까요?

우리가 잘 아는 가구 회사 이케아는 한 실험 비디오를 제작했습니다. 같은 두 식물 개체를 동일한 조건으로 30일 동안 한 학교에서 키우면서 아이들에게 한 식물에게는 부정적인 말을, 다른 식물에게는 칭찬과 좋은 말을 하도록 했습니다. 시간이 갈수록 부정적인 말을 들은 식물은 시들고 죽어갔습니다. '식물에게도 우리 인간과 같은 감정이 있다'는 문구 아래 수행된 이 실험은 사실 '괴롭힘 방지의 날'이 있는 해외에서 제작되어 배포된 것인데요. 과학적인 논리보다 일종의 캠페인이었죠. 그런데 이 영상에 대해 부정적 견해들도 많았습니다. 이 실험이 너무 비과학적이라는 것이었습니다. 식물은 뇌가 없고 마음이 없어 좋은 말과 나쁜 말을 구별할 수 없다는 것이죠. 식물의 대화에 대한 논문들을 살펴보면 대부분은 화학물질의 전달을 통한 식물들 간의 반응 정도를 담고 있습니다. 그것을 '대화' 혹은 '커뮤니케이션'이라는 단어로 표현한 정도입니다. 식물과 인간의 대화를 과학으로 설명하는 건 불가능합니다. 식물은 뇌가 없기 때문이죠. 식물은 인간의 좋은 말과 나

개종용 꽃들

쁜 말을 구분할 수 없고, 만약 말에 반응한다면 그것은 말의 뜻보다는 소리가 전달될 때 일어나는 진동 때문이겠지요.

대화와 달리 식물과 음악에 대해서 뚜렷한 결과를 보여주는 실험들은 꽤 많습니다. 식물은 음악 장르에 따라 좋아하는 음악과 싫어하는 음악이 분명해 보이고 음을 들려주는 좋은 시간대와 음악에 대한 반응도 구체적입니다. 클래식, 헤비메탈, 재즈를 들려주면 식물 성장을 촉진시키거나 과일 맛을 증가시킨다는 보고가 있습니다. 악기 중에는 현악기를 선호하고 클래식 작곡가 중에는 비발디, 베토벤, 슈베르트 등 이름까지 구체적으로 거론되기도 하죠. 옥수수, 콩, 쌀, 담배와 같은 농작물의 수확량을 늘리거나 질

좋은 수확물을 얻을 수 있어 재배지에 음악을 틀어주는 것은 실제 농법에서도 사용되고 있습니다. 그러나 이런 결과들은 대화 때문에 일어날 수 있는 반응과 비슷한 원리입니다. 음악은 진동을 발생시키고 이것은 자연 상태에서 식물이 겪을 수 있는 것들을 모방한 것과 같습니다. 식물이 음악 때문에 일어나는 진동을 바람이나 새, 곤충의 날갯짓으로 인식할 수 있기 때문이죠. 토마토는 수술 속에 꽃가루가 숨어 있어 인공 수정이 어렵습니다. 야생에서는 수분매개자인 벌의 날갯짓 진동에 반응해 꽃가루가 나오게 되는데 이 진동과 같은 진동을 만들어주면 토마토가 꽃가루를 방출하게 만들 수 있는 것이죠. 여러 종류의 음악은 자연에서 일어날 수 있는 자극의 모방이며, 식물의 성

장 촉진, 수분 증가, 결실율 증가, 해충 감소 등의 이점을 얻을 수 있습니다. 결국 이런 과학적 원리를 보면 식물은 역시나 마음도, 마음이 생길 수 있는 뇌도 없고, 우리 인간과 교감할 수 없다는 사실을 정확하게 확인하게 됩니다.

개종용 열매들

  이런 결과에 실망하기에 앞서, 식물을

아무리 요리조리 뜯어보아도 뇌가 없고 마음을 나눌 수도 없다는 사실을 이미 알고 있었습니다. 그런데도 매일 식물과 대화를 나누는 분들이라면 섭섭한 마음이 들겠지요. 그렇지만 한편으로 좀 더 과학적인 생각을 해보면 어떨까 합니다. 식물에게 뇌는 어떤 의미일까요? 생물에게 성공적 진화를 위해 꼭 뇌를 가지고 있어야 하는 것일까요? 먹이 피라미드에서 광합성을 해서 에너지를 생산하는 가장 아래에 위치하는 식물보다 맨 위쪽에 있는 최상위 포식자인 거대 동물이나 우리 인간이 가장 진화에 성공한 것일까요? 생물의 진화에서 성공이란 유전자를 보존하고 다음 세대로 전달하며 계속 지구에 생존하는 것일 겁니다. 식물은 뇌와 의식, 마음 없이도 성공적으로 환경에 적응하고 생존하고 있습니다. 뇌는 많은 에너지를 필요로 하는 복잡한 구조입니다. 움직이지 못하는 식물이 뇌가 있다면 에너지만 소비할 뿐 괜한 고통을 떠안아야 할지도 모릅니다.

어떤 이들은 식물이 지구에서 뇌도 마음도 없는 상태를 유지하며 생존하는 식물 나름의 틈새 시장을 찾았다고도 얘기합니다. 그러나 저는 오히려 식물이 더 진화한 존재일지도 모른다고 생각합니다. 인간은 생각과 마음이 있어 감정의 소용돌이를 벗어나기 힘들고 고통과 괴로운 생각에 우울한 날들을 보낼 때가 있습니다. 불교 경전인《숫타니파타》의 "무소의 뿔처럼 혼자서 가라"라는 말처럼 끝없이 이어지는 의식의 흐름을 끊어내고 묵묵히 길을 가고 싶습니다. 꿋꿋이 혼자 살아가는 것을 배우기에, 저는 동물인 무소보다 식물이 더 적합한 생물이라는 생각이 듭니다. 마음이 어지러운 날들을 보내고 계시다면 식물처럼 이겨내는 것도 좋은 방법일 것 같네요.

바람 앞의
등불

섬백리향 *Thymus quinquecostatus* var. *magnus*

백리향과 매우 닮았으나 울릉도에서만 자라
는 한국 고유종이다. 울릉도 나리분지 내 자
생지가 천연기념물로 지정되어 있다. 백리향
과 같이 특유의 향기를 가지고 있으며, 6월
에 피는 연한 분홍색 꽃이 아름답다. 열매는
9월에 짙은 갈색으로 익으며, 열매에서도
향기가 난다.

가끔 세상에 혼자라고 느낄 때가 있으신가요? 그럴 때는 도와줄 사람이 하나도 없다는 생각에 외롭고 슬퍼지기도 합니다. 저는 혼자 있는 것을 좋아하지만 가끔 그런 마음이 들면 긴 시간을 홀로 보내는 식물을 떠올려봅니다. 한국에 있는 외로운 식물로는 울릉도에 있는 오래된 향나무가 가장 먼저 생각납니다. 울릉도 도동항 절벽 끝에 위태롭게 자라고 있는 이 향나무의 모습은 궁궐이나 오래된 절에서 만나는 우아한 향나무의 모습과는 많이 다릅니다. 그 모습을 보면 외롭겠다는 생각이 먼저 들지요. 흙도 많이 없는 절벽을 붙잡고 비스듬히 친구도 없이 홀로 자라고 있습니다. 우리나라에서 가장 나이가 많은 향나무로 2천 년을 넘게 살아왔습니다. 긴 시간 홀로 있었으니 그만큼 외로운 순간들도 많았겠지요. 외로운 순간, 떠올려 볼 수 있는 동병상련의 식물들을 소개해드릴까 합니다.

향나무
열매와 씨앗

저는 2015년 영국왕립식물원에서 일하는 친한 화가를 만나러 간 적이 있습니다. 그분은 항상 제가 방문할 때마다 옛 화가들의 식물 그림 원화들을 준비해 놓고 저를 맞아주셨습니다. 그림을 보다 지치면 표본실이나 식물원을 돌거나 화가들의 작업실에 가서 이야기를 나누기도 했었는데요. 2015년에 방문한 날은 한 번도 가보지 못했던 특별한 비공개 공간을 소개받게 되었습니다. 그곳은 외로운 식물들이 많은 온실이었죠. 그곳에서 저는 세상에서 가장 작은 수련을 처음 만났습니다. 영국왕립식물원 식물학자들 사이에서는 '난쟁이 르완다 수련'이라고도 불리는 님파에아 더파룸*Nymphaea thermarum*입니다. 세상에서 가장 작은 수련인 만큼 손톱 크기밖에 되지 않는 작고 하얀 꽃을 피웁니다. 저는 온실에서 '카를로스 막달레나*Carlos Magdalena*'라는 멋진 스페인 식물 원예가를 소개받았는데요. 그는 이 작은 수련이 2008년 사람의 간섭에 의해 르완다의 서식처에서 멸종되었으며, 멸종 직전 몇 개의 개체들이 영국왕립식물원으로 들어오게 되었다고 알려주었습니다. 학자들은 이 외로운 식물이 꽃을 피우고 씨앗을 맺을 수 있도록 갖은 애를 썼지만 번번히 실패

했습니다. 그러나 카를로스는 온천이던 이 수련의 서식처를 떠올려 적당한 온도를 찾았고 발아를 위해 이산화탄소가 필요하다는 것을 알아냈죠. 결국 이 식물의 증식에 성공했고, 개체를 하나씩 늘려가기 시작했습니다. 그러다 2014년 영국왕립식물원은 이 수련을 도난당하는 일을 겪었는데요. 다행히 다른 곳에 보존하고 있던 개체들이 남아 있어 제가 방문한 2015년에도 꽃을 볼 수 있었죠.

이 수련 옆에는 커피나무처럼 생긴 식물이 큰 화분에서 자라고 있었습니다. 흔히 '카페 마론Café marron'이라고 불리는 라모스마니아 로드리게시Ramosmania rodriguesi였습니다. 커피나무와 같이 꼭두서니과에 속하며 흰 꽃이 총총 달린 모습도 비슷하지만 아주 특별한 식물입니다. 이 식물은 모리셔스 동쪽에 있는 작은 섬인 로드리게스에서만 사는 식물입니다. 그러나 1800년대 어느 유럽인에 의해 그림으로 기록되었을 뿐, 1950년대에는 완전히 멸종되었다고 판명되었죠. 그러다 1979년에 로드리게스의 한 생물교사가 1800년대에 그려진 그림의 사본을 초등학생들에게 나눠주었고, 그중 한 남학생이 그림의 식물을 찾아내게 됩니다. 그 식물은 세상에 마지막으로 남은 카페 마론이었죠. 안타깝게도 이 식물이 특별한 식물이고 몸에도 좋다는 속설 때문에 사람들이 나무를 뜯어가기 시작했습니다. 곧 처음 만들어놓은 울타리는 다 부서지고 두번째, 세번째 철조망을 쳐야만 했습니다. 카를로스는 야생에 남은 마지막 식물을 우리에 가두어 두었다고 얘기했죠. 참 외롭고 처량한 모습의 식물이 아닐까 합니다. 이 식물의 가지는 식물원으로 보내졌고, 카를로스는 어렵게 뿌리를 내리게 하는 데도 성공했습니다. 그 이후 자라난 식물은 수꽃만 피워내어 번식의 어려움에 또 부딪쳤지만 열매를 맺게 유도하는 방법을 알아내 씨앗 수확에도 성공했죠.

그러나 카페 마론과 달리 혼자 남았는데 영영 수꽃만 피우고 씨앗을 맺지 못하는 외로운 노총각 나무도 있습니다. '엔케팔라르토스 우디Encephalartos woodii'라는 소철류의 식물입니다. 이 소철은 남아프리카에서 자라고 있었는데 결국 서식처에서는 멸종하였습니다. 서식처에서 사라지기 직전 발견된 마지막 개체는 가지를 나누어 몇 개의 식물원에 보내졌는데, 영국왕립식물원 온실에 한 그루가 살고 있습니다. 안타깝게도 이 소철은 암그루와 수그루가 따로 자라는 식물이었는데 마지막 발견된 개체가 수그루였습니다. 완전하게 수꽃만 피며 열매를 맺게 할 방법이 전혀 없었죠. 많은 연구원들이 이 식물이 살았던 서식처를 뒤지며 암그루를 찾아 헤맸지만 지금까지 발견하지 못하였습니다. 그래서 이 나무는 지금까지 계속 홀로 있습니다.

섬백리향

《식물학자의 노트》를 통해 식물이 가지는 강한 생존력과 지혜를 배울 수 있는 시간이 되었으면 했습니다. 분명 식물은 오랜 시간 동안 진화하며 삶의 지혜를 많이 터득했습니다. 그러나 인간은 여전히 많은 식물들을 외롭고 위태롭게 만들고 있지요.

이 책을 읽으며 지구에 함께 살고 있는 식물을 위해, 점점 더

Thymus quinquecostatus var. *magnus* 섬백리향

외로워지는 식물을 위해, 식물에게 배운 만큼 무엇을 할 수 있을까 생각해보시면 좋겠습니다. 많은 식물들이 사라지기 전에 우리가 모두 만날 수 있길 바랍니다.

• Swarts, N. D., & Dixon, K. W. (2017). *Conservation methods for terrestrial orchids.*

• Cooper, E. S., Mosher, M. A., Cross, C. M., & Whitaker, D. L. (2018). Gyroscopic stabilization minimizes drag on Ruellia ciliatiflora seeds. *Journal of The Royal Society Interface,* 15(140), 20170901.

• Aboulaich, N., Trigo, M. M., Bouziane, H., Cabezudo, B., Recio, M., El Kadiri, M., & Ater, M. (2013). Variations and origin of the atmospheric pollen of Cannabis detected in the province of Tetouan (NW Morocco): 2008-2010. *Science of the total environment,* 443, 413-419.

• Kim, H. J., So, S., Shin, C. H., Noh, H. J., Na, C. S., & Lee, Y. M. (2015). Hazard Assessment of Green-Wall Plant Campsis grandiflora K. Schum in Urban Areas based on Pollen Morphology and Cytotoxicity. *Korean Journal of Environmental Biology,* 33(2), 256-261.

• Wang, W., Haberer, G., Gundlach, H., Gläßer, C., Nussbaumer, T. C. L. M., Luo, M. C., ... & Messing, J. (2014). The Spirodela polyrhiza genome reveals insights into its neotenous reduction fast growth and aquatic lifestyle. *Nature communications,* 5(1), 1-13.

- Taylor, P. E., Card, G., House, J., Dickinson, M. H., & Flagan, R. C. (2006). High-speed pollen release in the white mulberry tree, Morus alba L. *Sexual Plant Reproduction*, 19(1), 19-24.

- Gentile, V., Sorce, S., Elhart, I., & Milazzo, F. (2018, June). Plantxel: Towards a plant-based controllable display. In Proceedings of the 7th ACM International Symposium on Pervasive Displays (pp. 1-8).

- Shin, H. W., Kim, M. J., & Lee, N. S. (2016). First report of a newly naturalized Sisyrinchium micranthum and a taxonomic revision of Sisyrinchium rosulatum in Korea. *Korean Journal of Plant Taxonomy*, 46(3), 295-300.

- Kim, M., Pham, T., Hamidi, A., McCormick, S., Kuzoff, R. K., & Sinha, N. (2003). Reduced leaf complexity in tomato wiry mutants suggests a role for PHAN and KNOX genes in generating compound leaves. *Development*, 130(18), 4405-4415.

- Song, K., Yeom, E., Seo, S. J., Kim, K., Kim, H., Lim, J. H., & Lee, S. J. (2015). Journey of water in pine cones. *Scientific reports*, 5(1), 1-8.

- Nogueira, F. M., Palombini, F. L., Kuhn, S. A., Oliveira, B. F., & Mariath, J. E. (2019). Heat transfer in the tank-inflorescence of Nidularium innocentii (Bromeliaceae): Experimental and finite element analysis based on X-ray microtomography. *Micron*, 124, 102714.

- Runyon, J. B., Mescher, M. C., & De Moraes, C. M. (2006). Volatile chemical cues guide host location and host selection by parasitic plants. *Science*, 313(5795), 1964-1967.

- Cho, S. H., Lee, J. H., Kang, D. H., Kim, B. Y., TRIAS-BLASI, A. N. N. A., HTWE, K. M., & Kim, Y. D. (2016). Cissus erecta (Vitaceae), a new non-viny herbaceous species from Mt. Popa, Myanmar. *Phytotaxa*,

260(3), 291-295.

- Hetherington, A. M., & Woodward, F. I. (2003). The role of stomata in sensing and driving environmental change. *Nature*, 424(6951), 901-908.
- Murphy, G. P., & Dudley, S. A. (2009). Kin recognition: competition and cooperation in Impatiens (Balsaminaceae). *American Journal of Botany*, 96(11), 1990-1996.
- Simard, S. W. (2009). The foundational role of mycorrhizal networks in self-organization of interior Douglas-fir forests. *Forest Ecology and Management*, 258, S95-S107.

Aster spathulifolius 해국